海洋传奇 原始海洋

HAIYANG CHUANQI

主　编：陶红亮

编　委：郝言言　苏文涛　薛英祥　金彩红　唐文俊

王春晓　史　霞　马牧晨　邵　莹　李　青

赵　艳　唐正兵　张绿竹　赵焕霞　王　璇

李　伟　谭英锡　刘　毅　刘新建　赖吉平

海洋出版社

2025年·北京

图书在版编目(CIP)数据

原始海洋/陶红亮主编. —北京：海洋出版社，2017.2（2025年1月重印）

（海洋传奇）

ISBN 978-7-5027-9633-4

Ⅰ.①原… Ⅱ.①陶… Ⅲ.①古海洋学－普及读物 Ⅳ.①P736.22-49

中国版本图书馆CIP数据核字（2016）第283617号

海洋传奇

原始海洋

总 策 划：刘 斌

责任编辑：刘 斌

责任印制：安 淼

整体设计：童 虎·设计室

出版发行 海洋出版社

地　　址：北京市海淀区大慧寺路8号

　　　　　100081

经　　销：新华书店

发行部：（010）62100090

总编室：（010）62100034

网　　址：www.oceanpress.com.cn

承　　印：侨友印刷（河北）有限公司

版　　次：2017年2月第1版

　　　　　2025年1月第2次印刷

开　　本：787mm×1092mm　　1/16

印　　张：12.25

字　　数：294千字

定　　价：69.00元

本书如有印、装质量问题可与发行部调换

前　言

　　从外太空看，人类生活的家园是一颗美丽的蓝色星球，那是因为海洋占据了地球表面很大一部分。人类自诞生以来就在不断超越自己，行走在超越的大路上。面对广阔无际的大海，人们觉得自己是那么渺小，因此人类对海洋充满了敬畏。但是人类永远不会停止对未知事物的探索，于是海洋神秘的面纱逐渐被揭下。地球的历史是如此悠久，人们发现原始海洋竟然和现在的海洋有很大的不同，更加神秘莫测。人类开始追溯地球的起源，去寻找海洋最初的模样。

　　时光回到 50 亿年前，在太阳系中有一团团星云，那时太阳已经存在，众多的星云如众星捧月一样将太阳紧紧围住，在它周围起舞。某一天，一团星云脱离了轨道，向更远的地方飘去，它没有目标，所以走得匆忙，一路摇摇晃晃、跌跌撞撞，与其他的星云擦身而过。一些星云见它要到外面探索新的世界，于是也加入到了这一行列。炽热的小火球在黑暗的宇宙中越发耀眼了。当到达了一处地方后，它停了下来，从此在这条轨道上旋转。大约是 46 亿年前地球诞生了。

　　新诞生的地球还是一个灼热、粗糙的大火球。在不断旋转的过程中，地球上密度不同的物质开始形成分层结构，质量轻的形成地壳，质量重的形成地核，中间则是地幔。地球稍稍稳定以后，大面积的火山开始分布在地球表面。这时海洋还没有形成，确切地说，地球表面没有液态水的存在。但是却有了水蒸气，火山喷发出的大量水蒸气集聚在天空。大约在42亿年前，天外行星、陨石开始造访地球，其中彗星裹着巨大的冰块从天而降，但是很快冰块被蒸发得无影无踪。

过了2亿年，地球终于稳定了下来，温度逐渐下降，天空中的水蒸气终于能以雨水的形式降落到地表上，地表就像是一块刚刚燃烧过的煤块，当雨水带着喜悦从天而降散落到地球表面时，雨水先是瞬间消失不见，化为水蒸气在空中飘摇，而后续的雨水就像飞蛾扑火一般奋不顾身地洒向大地。大地一片白茫茫，伴随着铺天盖地的"嘶嘶嘶"的哀鸣声，地表的温度持续下降，雨水终于第一次落到了地面上，兴奋地欢叫着、奔腾着，仿佛是取得了巨大的胜利。江、河、湖、海有了自身的模样。

这时的地球几乎被水淹没，到处都是雨水，当大雨停歇，阳光拨开了云雾出现时，地面上到处荡漾着太阳的身影。河流中、湖泊里，哪怕是一处小小的水洼，都会发现太阳在跳跃。太阳的热情使得地面的雨水再次化为水蒸气向它飞去。大陆的轮廓显现了出来，海洋也开始形成了。

新生的原始海洋其实就是大面积雨水的堆积，所以海水的味道就是雨水的味道。海洋里也没什么奇特的地方，完全就是一个积满了雨水的大水坑，没有任何生命形式的存在。但是一些海洋的特征已经开始显现出来，如产生了自给自足的水循环系统，所以海洋不会像湖水、河水一样有干涸的那一天。海面上波涛汹涌，一阵阵海浪或是在深海掀起滔天巨浪，或是拍打上海岸，碎成一地。

海洋形成后并不是一直蛰伏在自己的区域静静地看着每个日出日落，而是一直在积蓄力量，试图某一天再次侵

蚀陆地。在过去的几十亿年中，海陆的这种敌对关系一直持续着，并且偶尔还会爆发较为激烈的"战争"，造成大陆不断分裂与聚合。大约在18亿年前，哥伦比亚超大陆形成了，也许是过了4亿年，该大陆产生了分裂，整个大陆被海水分割包围。大约在11亿年前，分隔开的大陆卷土重来，将各大陆块重新聚合到一起，形成了罗迪尼亚超级大陆。但是这个大陆也没能阻挡住海洋的攻伐，最终也裂解了。在现今海陆分布形成之前，形成的最后一个超级大陆为盘古大陆，盘古大陆裂解后，大陆板块漂移，形成了今天世界的地理格局。

原始海洋在不断进化中已经失去了原本的模样，人们只能通过科技手段来探索远古海洋中的秘密。那平坦的海底平原、峻拔的海底山岭、散落一地的海底沉积物、大洋中脊两侧规格相同的古磁性条带、寒武纪神秘的生命大爆发现象、海水表层变幻莫测的洋流、称霸一方的远古海洋生物：三叶虫、鹦鹉螺、鱼龙……远古海洋的神秘说不完、道不尽。

生命起源于原始海洋，人们对生命的起源向来持有很多不同的看法。生命可能起源于"原始汤""黑烟囱"，甚至是外太空，最早的生命可能是细菌、蓝藻。蓝藻是活了4亿年的古老海洋生物，到今天，每到夏季天气炎热的时候，蓝藻就会异常活跃，甚至形成"水华"，造成水质污染。

本书是人类对古老海洋探索的知识的集锦，内容新颖，将远古海洋的面貌清晰地展现在了读者的眼前。三叶虫、鹦鹉螺、鱼龙、鲨……一个个奇形怪状的远古海洋生物徐徐向我们走来。本书图文并茂，语言简洁、生动，在遨游原始海洋的同时能够充分享受阅读的乐趣。

目 录

原/始/海/洋

Primitive Ocean

Part 3

原始海洋的样子 ·· 032

万事万物都有一个发展的过程，有些事物历经亿年的风霜雨雪、风云变幻，仍然保持了原始的面貌，如古老的岩石。而一些事物却破茧成蝶，跟着进化的浪潮一路前行，例如海洋。原始海洋跟今天我们看到的海洋有很大的不同，它起初的味道是淡的，海水中也没有氧气，海洋中更没有生命。直到那一缕缕阳光破开云雾照进海水中，海洋才逐渐孕育出生命。

Part 4

大洋大陆的不断变化 ······································ 051

早期的人类并没有发现地球是圆的，很多人认为自己生在一个方的壳子里，直到人类在海洋上航行，才开始对地球的形状有了进一步的了解。等到大航海时代，人类已经确认地球是圆的，伟大航海家麦哲伦还完成是人类史上的第一次环球航行壮举。早期生活在陆地上的人们同样对海陆关系没有足够的认识，人们只当是自天地形成以来，陆地就是陆地，海洋就是海洋，海陆的面貌从来没有发生过改变，但是科学技术的发展让人们意识到，自陆地和海洋形成以来，陆地和海洋就不断地相互"征伐"。

Part 5
古海洋中的秘密

古老的海洋中到底有什么秘密。为何今天的海平面会不断升高，历经亿年的时光，海洋为我们留下了什么，是否能够从一些痕迹去探究古海洋中的秘密？那沉没在海底的沉积物、大洋中脊两侧的古磁性条带、存活下来的远古生物——鲎，相信这些信息能够揭开古海洋神秘的面纱。

Part 6

浩瀚的宇宙一望无际，它的起点在哪里无人知晓，它的终点在何方也没有人能得知。但是平静的宇宙中一股股神秘的力量自地球诞生之初就影响着其成长，甚是影响覆盖地球表面71%的海洋，神秘莫测的海流仿佛是永远不知疲倦地循环着，每个清晨日落，海潮涌向海边又匆匆散去，周而复始，不曾停歇。

Contents

目 录

Part 7

人类自诞生之初就开始追寻自己的根源，当人们得知自己的祖先来自于海洋时，对海洋更是充满了敬畏。对于生命的起源更是充满了好奇与不解，到底最早的生命形式怎样的，原始海洋孕育的生物和今天的生物是否一样，这一切都充满了神秘的色彩……

Part 8
古海洋中的生物 ·····················156

在恐龙化石被发现之前，人们对于远古生物很少有直观的印象。当一具具庞大的恐龙化石出现以后，人们意识到在远古时期，恐龙才是地球的统治者。但是人们常常忽略了一个事实，大部分恐龙是在陆地上生活，它们并不是海洋的霸主。而在广阔的海洋中，海洋生物种类繁多。随着地质学的发展，人们发现了更多的海洋生物化石。让我们一探究竟，来看看这些原始海洋生物有何与众不同。

Part 1

混沌初始全新画面

万物起始于混沌，地球生万物，而地球自身也是混沌中一个奇特的存在，也许是那一次宇宙大爆炸，地球脱离了太阳的怀抱，跌跌撞撞到了某一处突然停了下来，自此不再行走，而是绕着太阳公转。大地形成了，天空中积蓄的雨水落了下来汇聚在一起形成了海洋。天地间一片荒芜，一块块岩石诉说着辛酸的过往……

岩石诉说着诞生

在浩茫的宇宙中，一颗蓝色的星球在几十亿年前开始诞生了，它就是人类的母亲——地球。新诞生的地球与其他的星球没什么区别，不外乎是一片荒芜，没有生命，但是经过亿万年的发展，这颗蓝色星球上开始诞生了生命，直至后来出现了人类。虽然人类的历史只有短短的 300 万年，但是人类却能对这个孕育了他生命的星球展开研究，通过一块块载满无尽岁月的化石来探索地球初生的奥秘。

地球诞生后不久，海洋也诞生了。科学家通过对古老岩石中放射性物质的衰变率来推断岩石的年龄，从而推测地球的年龄。加拿大的曼尼托巴有一些古老的岩石层，通过测定，这些岩石已经有着 23 亿年的历史。地球上的物质需要大约 1 亿年才能冷却形成岩石地壳，所以说地球的诞生要早于 23 亿年前。随着更古老的岩石被发现，地球的年龄一直在增长。科学家们在加拿大、俄国、美国、非洲等地发现了更为古老的岩石，大约有着 30 亿多年的历史，人类将地球的诞生日期推到了 45 亿年前。

然而从岩石上我们只能探测到地球诞生的时间，在地球诞生之后发生了什么该如何得知呢？人们发现化石是忠实的记录者。在寒武纪之后，大量动植物的化石被保留了下来，所以从寒武纪生命大爆发开始，人们对这段历史的了解相对要多一些。但是对于寒武纪之前的那段朦胧的岁月，地质学家们只能摇摇头，不去妄下定论，因为那段时期没有任何化石记录留下。

有人认为，地球曾是太阳的一部分，是一团混沌灼热的气体，某一次，脱离了太阳，开始在黑暗的宇宙中漫无目的地走着，在行走的过程中不断冷却液化，成为了一团熔岩状的星球。但是受太阳引力的影响，当地球到达一个地点后停了下来，开始绕着太阳公转。在这个过程中，地球也在发生着巨大的变化。密度大的物质开始沉向地心，密度相对小一些的开始裹在地心上，最轻的物质浮在表面。这一结构直到今天仍然没有变化。地心是熔岩状的铁，再外面一层是半熔岩状态的玄武岩，最外面是一层薄薄的由固态玄武岩和花岗岩组成的地壳。

过了几百万年，地球的外层开始逐渐凝固，由液态变为固态。在这个过程中发生过一件有趣的事，由于地球的自转，加上液态物质的不稳定，地球表面的一部分物质被甩向太空，这样就形成了月球。

原来刚刚脱离太阳的地球还处于液态，地球表面到处是熔岩状的液体，这些液体虽然绕着地球流动，但是很不稳定，在太阳引力的拉扯下，产生了潮汐现象。一些人认为，这种不稳定的液体在没有冷却之前时不时掀起惊天巨浪。一次偶然，巨浪激荡，脱离了地球的控制，飞向了太空。不过在引力的牵引下只能进入特定的轨道，开始绕着地球运转，而不能肆意横行，这就是我们今天看到的月球。

有历史的岩石

当巨浪飞向太空时，这时的地壳已经略微硬化，随意留下的痕迹并没有被周围其他的巨浪所填补，留下了一个凹坑，形成了今天的太平洋。人们提出这种设想是有依据的：据探测，太平洋的海床是由玄武岩组成的，而世界上的其他海床是由花岗岩组成的，和地壳的组成物质一样，玄武岩本是地球中层的物质，那么覆盖在太平洋海床上的花岗岩去哪儿了？分解是不可能，唯有一种可能就是随着巨浪飞到了太空，形成了月球。根据对月球表层的探测，主要由大量的花岗岩和少量的玄武岩组成，并且月球的平均密度比地球小得多，并不包含地球地心的铁物质。所以月球极有可能是由地壳表面的巨浪飞出去形成的。

一些学者认为不仅是太平洋的形成和月球有关，而且其他海洋的形成也与之有关。普遍的说法是，在那部分地壳脱离地球后形成了一个缺口，在缺口的另一面的地壳受到拉扯形成了一个裂口，这样地壳才平衡稳定下来。随着地球的自转和太阳的公转，这个口子不断扩大，渐渐玄武岩外层凝固下来，大陆也不再漂移，裂口形成了海洋。

不过对于这个理论有很多学者不是很认同。因为在月球形成的时候，是不可能有海洋的，当时的地球被厚厚的云层包裹。地表的温度要高于水的沸点，即使是天空中降下雨水，在接触到地表的一刹那也会立刻变为水蒸气，不断积累在云层中。厚厚的云层遮挡着阳光，所以天空变得黑暗，只有那炽热的地表在雨水中发出"刺啦刺啦"的哀号，空荡的海盆没有一滴海水。

当地表的温度冷却到了水的沸点以下，欢快的雨水仿佛找到了久别重逢的亲人一般开始不断地哭泣。于是大雨倾盆而下，昏天暗地，几天、几年甚至是几百年，久不停息。雨水流向海盆，聚集在一起，形成了海洋。

在雨水的冲刷下，海平面不断升高，以至于漫过海盆与陆地上的雨水连为一体，共同侵蚀陆地，陆上的物质不断受到侵蚀，碎裂的石块不断沉入大海。这时大海的海水其实就是雨水，所含盐分很少。经过数亿年，甚至是几十亿年，大陆与海洋不断冲撞、摩擦，海水将大陆上带有盐分的物质不断冲入到海底，海洋中的盐分也越来越大，海水不断蒸发、冰川不断形成，水分减少，盐的浓度进一步升高，原始海洋不断向现代海洋转化，味道也越来越苦。

大气圈与原始海洋

地球诞生之初虽然是一颗荒凉的星球，但是也十分热闹，地表上布满了大大小小的火山，它们肆无忌惮地喷着火舌、冒着岩浆，将水蒸气、二氧化碳、氮气、二氧化硫等气体一股脑喷向天空。火山的规模也不是像今天火山喷发那样小打小闹一番，而是以一种撕裂苍穹、爆发的形式，吞噬着整个大地。它们经常可以将一些岩石碎块或是火山渣喷到160千米或者更高的天空。当时还没有形成大气圈，这些物质不能分散开来，只能飘飘洒洒落在火山口周围，堆积成高大的火山锥。所以当时的地球上矗立着一座座披着厚厚外衣的火山。

堆积的灰烬过于庞大，终于压垮了火山，火山口处形成了巨大的缺口。滚滚岩浆从里面流出来，沿着陡峭的山壁飞奔下来，冷却后，在地表上形成厚厚的玄武岩平原。与此同时，一些很薄的地壳开裂，火热的熔岩像喷泉一样喷薄而出，与从火山口喷发出来的岩浆混为一体。一路肆虐横行，将地表覆盖。

海洋

大约在42亿年前，地球表面一片狼藉、破乱不堪，天外的小行星、陨石开始疯狂地撞击地球。彗星浑身被冰块包裹，从太阳系的最外部飞到了这里，撞上了地球。巨大的冰块在进入地球后碎裂开来，那时地球上的温度还是很高，水只能以蒸汽的形式存在，落下来的冰块自然成了水蒸气大军的一员。撞击地球的陨石一部分以金属组成，还有的由固态的气体组成，这些新来的物质都是以后生命进化的必要条件。

火山活动依旧剧烈，天外来客不断到访地球，大气圈开始形成了。大气圈中水蒸气是主要的成分，并且二氧化碳的浓度约为今天的1000倍，造成了严重的温室效应，使得空气中的温度居高不下，地表无法冷却下来，海洋当然也没有形成。这样的过程终于在大约40亿年前停止了，地球终于冷却了下来，地表的温度降到了水的沸点以下，空气中的水蒸气终于能亲吻大地，大雨倾盆而下，形成了洪水。天空中整日昏暗无光，大雨也一直下，滔滔不绝的洪水淹没了大地。陨石坑和火山口迅速被雨水填满，岩浆在地底蛰伏不敢出来，火山口的雨水溢了出来，从夹杂着碎石、灰烬化成一条奔腾的浑浊大河，顺势而下冲刷着地面，形成了巨大的山谷。

也许是几百年、几千年，天空终于倾尽了它的愤怒，云层渐渐变薄，一丝光亮透过一条缝隙照在了大地上，天空逐渐晴朗，这时地面上满是雨水，一座座小岛和火山浮在海面上。海洋成了地球的主宰，陆地只是在海洋大军包围下的一些小士兵，不时探出脑袋，看着这个被水淹没的世界。太阳出来后，海水不断被蒸发掉，陆地又一次显现了出来。

退去的海水并没有因为被太阳蒸发掉一部分而出现海平面大幅度下降的情况。海洋建立了自己的水循环系统。被蒸发掉的海水形成云层，遇冷降下雨水，一部分直接洒向海洋，一部分落到了陆地上形成了河流、湖泊。虽然海洋与内陆相隔很远，但是并没有失去联系，一条条河流翻山越岭汇向海洋。通常完成这样一个过程需要10天的时间，在热带沿海地区，往往几个小时就能完成一次水循环。然而在寒冷的极地地区，这一过程则可能需要1万年的时间。

水循环不是简单地维持海洋平衡的一个过程，雨水在冲刷大地的过程中，各种金属盐溶解在水中，汇入大海。岩石在风化作用下形成沙石、黏土和碳酸盐，随着河流在入海口不断堆积，形成了厚厚的沉积物。海水中的成分也发生了变化，盐分逐渐增加。

大约在22亿年前，地球上出现了能够进行光合作用的单细胞植物。空气中的二氧化碳渐渐减少了，地球开始变冷，地球进入到冰河时期。从前寒武纪末期开始，持续几百万年的大冰期开始出现。海洋里的水分不断向冰盖区转移，大陆上的冰盖越来越厚，海平面越来越低，全球的天气异常干冷。

能够利用氧气的生命物质出现后，氧气和二氧化碳的含量达到了一种平衡，使得气候不会太过寒冷，也不会像地区诞生之初那样热得没法生存。生命诞生之初，太阳的辐射量不是很大，大气中的温室气体能够保证生物顺利繁衍。到寒武纪时，无论气候还是海洋中的环境，都足以使得生物能够迅速出现和进化。寒武纪生命大爆发的趋势势不可当。

研究海洋的法宝：海洋学

从地球诞生开始，陆地和海洋这对生死冤家就开始了生生世世的相缠，在几十亿年的历史中，你攻我伐，互不相让。有人说两者也是共生的关系，没有了海洋的支持，大陆可能会下陷，没有了大陆，海洋中不一定会产生生命。直到今天，海洋与陆地仍然有着不可分割的关系，人们征服了大陆后，对神秘的海洋进行了探索，逐步建立起一门研究海洋规律、开发利用海洋资源的自然科学——海洋学。

海洋约占地球表面的 71%，在这片庞大的海域中，人们很少能够对其进行探索，特别是在科学技术不发达的年代，人们想潜入海底是一件十分困难的事。人们建造了船舶，在海面上航行，摸清了海面的规律。但是对于海底世界，直到发明了水下机器人、潜艇以后，人们才开始认识到海底世界的丰富多彩。

从遥远的外太空上看，我们生活的星球并不是被绿树环绕，或是土地为主的土色星球，而是一颗有着磅礴生机的蓝色星球，那蓝色便来自于海洋。由于地球在太阳系中特殊的位置，使得地球表面平均温度适中，在地球表面的水可以以液、固、气三种形态存在。在南北极处于极地气候的水呈固态，但也有逐渐消融的冰雪缓缓汇入各大洋。海洋通常保持在一个平衡的状态，并不会由于受到极地冰雪的融化，出现海平面大幅上升的情况，因为海洋有自身的循环系统，海洋中的水分会被蒸发，从而保持着平衡。据统计，在太阳的抚摸下，海洋每年约有 50.5 万立方千米的海水会被蒸发，成为了大气水汽的重要来源。水汽上升凝结后化为雨雪降落到大地上，滋润着万物的生长。在重力的作用下，这些水缓缓注入河流，或者渗入到地下形成了地下水。不过最终这些水很大一部分会返回到海洋。从而构成了地球上周而复始的水循环。

海水是咸的，在海水中有多种溶解盐类的水溶液。其实原始海洋的海水的成分简单得多，海水也不太咸，因为最初的海洋中储存的是雨水，而雨水是没有味道的。后来陆地上的一些含盐矿物在雨水、河流的冲刷下逐渐汇入海洋，才使得海水越来越咸。海水中巨大的盐分为生物的产生和繁衍提供了充足的养分。海水中还有很多其他的化学元素，成为生物进化的重要物质。

当夏天天气十分炎热的时候，我们会在地面上洒一些水，很快屋子里就很凉快了。在城市的街道上，当炎炎烈日将大地似乎要烤化时，

海水

　一辆洒水车喷洒着水缓缓驶过，很快我们就会感觉到一丝凉意。同样人们在对海洋进行研究时发现海洋表层海水的平均气温要高于陆地上的气温。原来海洋就像一个巨大的吸热容器，将太阳的热量统统吸收。同时人们发现，在赤道地区终年阳光普照，海水被晒得暖暖的，而在纬度高的地方，飘落的雪花将河流冰冻，吹过的寒风使得海水冰冷。赤道地区的暖流洋溢着热情与高纬度的寒流来了一个猛烈的拥抱，于是形成了冷暖分隔界线，在这些地方人们可以体验到从春风阵阵的春天一下子到凉风习习的秋天的感觉。正是由于这样的温差，形成了环绕世界的海洋环流。

　　在海洋学上称海洋是"生命的摇篮"。科学家们发现海水中主要元素的含量和组成竟然和许多动物甚至人类血液的组成很相似，于是推断生命可能起始于海洋。在几十亿年前，当大陆还是一片荒芜，终日飞沙走石，狂风暴雨肆虐横行时，静谧的海洋里已经开始孕育着生命。后来大量事实证明了海洋确实是最先孕育生命的地方。原始海洋中最初的生命也是一种简单的原核生物，后来随着光合作用的进行，海洋中产生了大量氧气，开始出现以氧气为生的生物。到寒武纪时，生命大爆发开始，海洋中生物的种类开始增多，现今海洋生物的鼻祖开始在原始海洋中遨游。直到今天，海洋中的动物为 16 万～ 20 万种，植物有一万多种。动植物组成了一个庞大而复杂的食物链。

在没有深入了解一个事物之前，人们常常被它的表面现象迷惑，看似平静的海洋其实一直在发生着各种不同类型和不同深度的海水运动，海面蒸发是看不见的，但是我们可以感受到海水温度的变化，可以看到海面被厚厚的冰层覆盖。在风力的吹送下，海面或是荡起一片美丽的浪花，或是掀起滔天巨浪。在天体引力的作用下，产生了潮汐运动。在海水的冲刷下，岸边的岩石光滑无比，凸显出苍老的纹路，诉说着历史的变迁。每当潮水退去，沙滩上就留下了一个个美丽的贝壳，或是一只来不及逃走的海星。

在海洋学中，人们对海洋的探索远不止这些，就像研究大陆一样，人们还研究海洋的结构。从古代到 18 世纪末是人们对海洋知识积累的一个重要时期。虽然碍于科学技术条件的限制，但是智慧的人类还是提出了一些十分有意义的见解。公元前 6 世纪古希腊的泰勒斯认为，水是万物的源泉，整个大陆都在浩瀚无际的大海上漂浮。公元前 4 世纪时，古希腊的大思想家亚里士多德在他的著作《动物志》中描绘了一百多种生活在爱琴海中的动物。东汉时期，我国著名的哲学家王充认为潮汐运动和月亮的运行有关。从 15 世纪开始，自然科学和航海事业得到发展，人们在一次次探索世界的过程中积累了丰富的海洋知识。中国航海家郑和率领明朝船队七次下西洋；意大利著名航海家哥伦布横渡大西洋发现了美洲新大陆；葡萄牙航海家麦哲伦完成了人类历史上第一次环球航行壮举；英国在建立大量殖民地称霸世界时最先开始了对海洋的科学考察，开创了海洋化学研究；著名科学家牛顿用引力规律解释了潮汐现象……这些探索和研究成果都为海洋学的产生奠定了基础。

从 19 世纪初到 20 世纪，机器大工业的产生和发展，有力地促进了海洋学的建立和发展。人们利用机器人对深海进行探测，海洋中脊、

原/始/海/洋

Primitive Ocean

海洋盆地、海沟的面貌逐渐清晰。不过对于海洋中一些地势的形成，生物的衍变，仍需要人们去不断探索。

海洋中的陆地：岛屿

在数亿年的地质运动中，陆地与海洋不断进行交战，在你来我往的过程中难免会留下一些痕迹，岛屿是最好的见证。当人们在茫茫的大海上行驶时是很没有安全感的，即使我们来自海洋，但是几亿年的时光使得我们对海洋有种熟悉感觉的同时充满了敬畏。在水天之间若是能见到一片露出海面的陆地会使我们欣喜万分。海上的岛屿千姿百态，既有大如格陵兰、马达加斯加等大型岛屿，也有散布在岸边的一座座小小的海岛，还有那凶险万分的火山岛。

在第四纪时，一道道冰川横亘在陆地上，海平面降了下来，大地轮廓逐步扩大。等到冰川融化，汇入海洋时，与大陆相连的一部分陆块被海水包围。由于地壳运动，中间连接的部分不断向下塌陷，被隔开的小块陆地形成了岛屿，这些岛屿一般比较大，而且由于以前是大陆的一部分，所以构成也很相似，人们称之为"大陆岛"。大陆岛上的自然景观与大陆沿岸的基本相同，如海蚀洞、海蚀崖、沙滩等的样子均十分相似。当然，大陆岛上也有自身一些奇特的景观。台湾岛是我国最大的大陆岛，台湾岛的东海岸靠近太平洋，海崖壁立，形成了独特的断崖海岸景观。

在冰川肆虐的时期，冰川夹杂着大量的石块、沙砾在大陆的边缘堆积起来，形成了一块块冰冻的陆地。当气候转暖，冰川消融时，冰块化为水流去，一部分石块、沙砾没有被冲走，形成了岛屿，这些岛的面积相对从大陆分离出来形成的岛屿要小，也是大陆岛。在波罗的海、挪威沿岸分布的大陆岛就是这样形成的。还有一些大陆岛是通过

混沌初始全新画面

海浪的冲蚀形成的，这类岛屿数量不多，面积也很小，人们称之为"海蚀岛"。

在大海入口的地方分布着一些泥沙岛屿，即冲积岛。河流在汇入大海的过程中将内陆河流中的泥沙运送到海口，到海口后流速放缓，泥沙开始沉积，长年累月下来就形成了冲积岛。世界上许多入海口都有许多冲积岛，位于长江入海口的崇明岛是我国第三大岛，也是一个冲积岛。冲积岛紧挨河口两岸的冲积平原，因此它的地质构造与冲积平原相同，地势较低，岛屿周围有着广阔的泥潭。

珊瑚颜色鲜艳美丽，形态奇特，受到很多人的喜爱。珊瑚实际上是生活在热带、亚热带海域中海底花园的辛勤建造者。珊瑚虫能够分泌一种石灰质物质，随着珊瑚虫的生死更替，它们的骨骼和这些石灰质物质堆积在一起，不过堆积的过程十分缓慢，据研究 1000 年的时间才能升高 36 米，若形成珊瑚岛，恐怕不是几千年能办到的事。珊瑚岛在全球分布广泛，面积达 2700 万平方千米，但是大多数珊瑚岛都在海面以下，只有少数的珊瑚岛露出水面。印度洋的马尔代夫、太平洋的马绍尔群岛、澳大利亚大陆东北的大堡礁等都是典型的珊瑚岛。

海上岛屿

海底有大量火山存在，在漫长的地质时期中，海底的火山不断喷发，岩浆露出水面冷却凝固后逐渐堆积，形成了火山岛。在不同的地域，火山岛的类型也不大相同。由远离海岸的大洋底火山喷发而形成的大洋火山岛与大陆地质没有联系。而在大陆架或者是大陆坡海域形成的火山岛与大陆的地质构造十分相似，但由于是火山喷发形成，它与大陆岛也不尽相同。我国的火山岛就属于这一类型。位于台湾海峡的澎湖列岛是以群岛形式存在的火山岛。台湾岛东部的绿岛、龟山岛，北部的棉花屿、彭佳屿，东海的钓鱼岛等都是孤立在海水中的火山岛。这些岛屿是在第四纪火山喷发时形成的，现在这里火山岛的火山都处于沉寂时期，不会喷发。

火山岛在形成之初就像初生的地球一样，满地都是岩浆凝固后形成的岩石、灰烬，自然没有什么生机可言。但是在火山停止喷发后，在风霜雨雪的侵蚀下，大块的岩石碎裂开来，海里的植物蔓延到岛上，土壤开始形成，岛上出现了植物、动物。但是由于自然条件等的差异，有的火山岛已经是郁郁葱葱，一派生机盎然的美好景象，如绿岛。而有些火山岛则还是一片贫瘠，如澎湖列岛。

在太平洋上遍布了大大小小的火山活动带，在太平洋地壳断裂带有一个美丽的岛屿——夏威夷群岛，它是典型的火山岛，岩浆从地壳断裂处不断喷发，形成了该岛。科学家们认为在夏威夷岛下暗藏着的热泉活动十分剧烈，太平洋板块在热泉上缓慢移动，整个移动过程就像是一张纸在点燃的蜡烛上方移动一样，移动到哪里，火山就在哪里喷发。夏威夷是世界旅游胜地，珍珠港也是游人踊跃参观的地方。珍珠港从 1911 年开始便是美国太平洋舰队和空军的总部和基地，现在已经部分对外开放。人们可以参观"亚利桑纳"号纪念馆，在它的旁边就是那艘在 1941 年 12 月 7 日，日本人偷袭珍珠港时击沉的万吨级战舰。

阿留申群岛也是世界著名的火山岛，它位于白令海峡和北太平洋之间，是环太平洋火山带的一部分，岛上火山和地震活动频繁。阿留申群岛原先是一座海底山脉的主峰，受火山活动影响，逐渐发展为现在的阿留申群岛。现在阿留申群岛上仍然有许多活火山和休眠火山。

混沌初始 全新画面

Part 2
海底原来是这个样子

　　海底世界是神秘的，自从 300 万年前人类诞生以来就不断地对海洋进行探索，人们试着弄清楚这片似乎是没有边际的海洋究竟藏着什么秘密，深蓝色的海水下究竟是一番怎样的景象。尽管人类从来没有停歇，也不曾放弃，但是人类始终不能像鱼儿一样畅游海洋，直到近代，潜水机器的出现，人类才开始看到海底真正的样子。那沉积了亿年之久的海底世界终于清晰地展现在了人们眼前。

洋盆起源的各种假说

　　原始海洋中的结构、地形远比地上要复杂得多。在大洋中脊与大陆边缘之间有一些比较平坦的宽阔地带，人们称之为"大洋盆地"，这些盆地其实也不是一望无际、十分平坦，其中一些凸起的地方形成了"海底高地""海岭""海峰""海山""平顶山"一些结构，其实就像在宽阔的陆地上坐落着山脉、丘陵一样，低洼处形成海盆。

　　让我们到原始海洋中畅游一番，看看大洋盆地是什么样子的。大洋盆地总体上还是比较开阔的，在一些地方有着一些高度差不多的隆起，上面沉积了大量泥沙，就像是陆地上的一个个小土丘。这里没有火山运动，所以大可不必担心火山会喷发。当我们潜到这里后，一定会发现如果没有海水的话，这里简直和陆地上的沙漠一模一样，的确，这里很安静，没有风，没有外界的嘈杂，偶尔有一只鱼儿在月光下静静地戏耍着月光荡下的波纹，时不时摇着尾巴，将那月亮搅碎，得胜似的离开了。这里便是被称为"海底高地"或是"海底高原"的地方。

　　一路歌唱着《青藏高原》之歌，我们发现前面的路越发不平坦，时不时一座小山开始出现，在远处那些小山就像是一个个怪物一样，静静伫立在海底，不发出一点声响。等你走近了才发现它的高大。就像是走在宽阔的土地上，突然前方出现了一片崇山峻岭，我们把这些山称为"海山"。陆地上的山峰根据其特点人们会对其命名，海山也是一样。如果海山呈锥形，高耸出海，或者是隐没于水下，但比周围海底高出很多，我们称之为"海峰"。若是这样一些海山的顶部在长期的海浪侵蚀下渐渐被磨平了棱角，我们称之为"平顶山"。在原始海洋中平顶山最为常见，想想自海洋形成以来，经过几亿年，甚至几十亿年海水的侵蚀，再锋利、再坚韧的峰顶也会被削平吧。

　　从人类诞生以来，就对海洋有着别样的眷恋，也许那是源自远古的记忆，在我们心底始终坚定着一个信念——人类的出现同海洋有着千丝万缕的联系。到了19世纪开始，随着科学技术的进步，人类对海洋的探索取得初步的进展，并且对大洋盆地的产生原因进行了探讨。小达尔文曾经提出了一个具有超级想象力的假说，他认为在地球形成之初，地球上的物质很不稳定，在地球的不断旋转中，一块地块被地球甩飞了，飞到了现今月亮所在的位置，从此绕地球旋转，形成了今天看到的月亮，留下的空白就是形成了太平洋。当然太平洋盆地就此产生了。但是其他海洋的大洋盆地该怎样解释呢？难道也是在后来地球的不断旋转中不小心飞出去了吗？那飞出去的地块去哪了，为何现今只有一个月亮？虽然后来一些学者也找到了一些理由来解释，但是终归遭到了很多人的反对。

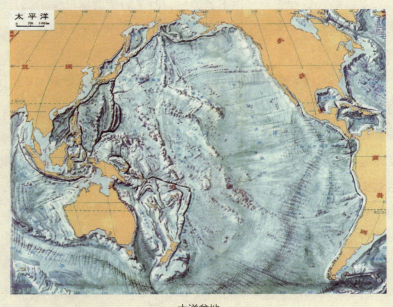

大洋盆地

人们提出了"大洋永存说"。这个观点认为，所有的大洋都形成于地质历史时期的最初阶段，而大洋地壳早已存在，在随后的地质历史中，大洋地壳被逐渐改造为大陆地壳，海洋的面积不断缩小，陆地的面积不断增加，最后形成了今天的海洋分布情况。这种假说认为海洋能够转化为陆地，而陆地不能转化为海洋。但是近年来的研究发现，海陆的关系曾经在地球几十亿年的发展中不断变动，显然与假说产生了矛盾。

到20世纪五六十年代，乌索夫在"大洋永存说"的基础上做了进一步改进，提出了"大洋化作用说"，弥补了"大洋永存说"中陆地不能转化为海洋的缺点。他认为大洋是年轻的、次生的。简单来说，海洋是通过大陆的破坏而形成的。因为早些时候出现了一些大陆沉陷形成海洋的假说，乌索夫继承了这一说法，并且又提出了新的看法：大陆地壳通过基性化作用可以转化为大洋地壳。而转化的过程以垂直的方式进行。这一说法并不能使人信服，因为在一些地区大陆地壳和大洋地壳的组成成分有很大的差别，二者之间怎能轻易地转化？后来随着海底扩张说和板块构造说的兴起，大陆漂移运动获得越来越多人的支持。乌索夫提出的"大洋永存说"渐渐淡出了人们的视野。

以上种种假说均不能很好地解释海洋中一些神秘的现象。于是板块构造说应运而生。板块构造说是一种颇有合理性的假说。它认为，在地球几十亿年的发展中，大陆不断分分合合。在大陆张裂的时候，地幔物质不断上升，地表隆起，在张力的作用下，地表中一些脆弱的部分经受不住巨大的拉扯而产生了裂痕，后来完全断裂开来，形成了谷底，同时这一过程伴随着玄武岩浆的喷发，海水流进这些低谷，形成了海洋。这个学说能够解释为什么太平洋的洋壳由大量玄武岩组成。新形成的海洋可以通过海底扩张不断完善与成长。同时这一学说也提出，海洋不是永久存在的，随着时间的积累，在海底俯冲作用的侵蚀下，海洋逐渐会收缩，直至消亡。所以今天生活的陆地，在远古时期可能是一片海洋，这也解释了为什么能够在陆地上寻找到海洋中的化石。同样今天的海洋可能在千万年，甚至是数亿年后消亡，例如地中海。

除了以上几种学说外，对于大洋盆地的详细形成过程的介绍莫过于"威尔逊旋回"，在这一观点中，我们可以详细追寻大洋盆地产生的始末，并且这一学说受到了普遍人的支持，这在各持一说的地质学界来说是一件少有的事。

著名的"威尔逊旋回"

在众多大洋盆地形成的假说中，加拿大地质学家威尔逊研究了大陆分合与大洋开闭的关系，从而将大洋盆地的形成和演化过程分为六个阶段，提出了著名的"威尔逊旋回"假说。威尔逊认为早期的泛大陆在分裂的过程中，以裂谷为生长中心的雏形洋区逐渐形成了洋中脊，逐渐扩散形成洋盆，新的海洋开始形成。威尔逊认为洋盆的开启与闭合是可以重复出现的现象，并将这一过程用六个阶段来展现。

一个新海洋的生成直到闭合，就像是一个人的一生，从胚胎期孕育着，幼年时期学习各种技能来适应这个世界，到了中年期就会达到人生的巅峰。到了晚年，自然会表现出一些年老的特征，胡子和头发花白、脸上有了皱纹，最终生命到了终结，埋于黄土。大洋盆地的整个生命过程与此十分相似。

胚胎期时，大陆地壳由于不稳定发生了张裂，在地表形成了一道道裂痕，但是并没有形成海洋，而是以裂谷的形式存在。著名的东非大裂谷就是最典型的例子。东非大裂谷是世界大陆上最大的断裂带，当人们乘坐飞机飞跃东非大陆的上空时，就会看到一条硕大无比的裂痕蔓延到很远的地方，就像是一个人用鞭子抽陀螺一样抽动地球旋转留下的痕迹。所以人们也称这条伤疤为"地球伤疤"。至于这道伤疤有多长，有人测算过大约为地球周长的六分之一。裂谷不仅绵延无际，而且谷内景色壮观，在裂谷中，人们会发现大量湖泊、火山群。这里地震频繁、热流值非常高，可见当初这里岩石圈开裂，地幔对流不断上升，地下熔岩不断涌出，几经风雨，逐渐形成了高大的熔岩高原。高原上的火山则变成了众多的山峰，而断裂的下陷地带则成为大裂谷的谷底，形成了今天这样独特的风貌。

到了幼年期，大陆地壳不断开裂，这时开始出现狭窄的海湾，一些地区已经出现洋壳。提到"红海"一词，现今世界上是无人不知，无人不晓，2000多万年前，大陆地壳在张力的拉扯下完全断裂，海水涌进了深陷的谷底，形成了一个处于幼年期的海洋，即红海。虽然被称为"红海"，但是红海的水并不是像人们想象中的那样一直是一片红色，只在偶尔季节性的时候，红海中会出现大量红色藻类。对于红海名称的来源有多种解释。最流行的说法是根据海水的颜色来命名的。有人认为在红海里有许多色彩鲜艳的贝壳，是它们将海水"染成"了

东非大裂谷

深红色；也有人认为在红海的浅海地带有大量红颜色的珊瑚沙，所以海水才会呈红色；其他一些人认为红海的温度较高，又有大量的盐分，所以适合生物生存，一种红颜色的藻类霸占红海，使得红海不红都不行。

在红海一带还流传着这样一种说法。在古时候，没有导航仪、指南针，根据夜晚的星象来判断方向也十分困难，所以来往于红海的船只只能靠岸航行。在红海两岸，有许多红黄色岩壁。

白天时，在阳光的照耀下，岩壁将太阳光反射到海上，使得海上看起来是一片红色，红海也由此得名。

剩下一种说法是和气候有关。每年来自非洲大沙漠的风会送来炎热的气流和红黄色的尘雾，在严重时，遮天蔽日，尤其在傍晚或者初晨，天色十分昏暗，加上带有红色的尘雾，整个海天之间都是红色，海水倒映着天空中的景色也呈暗红色。这样的景象很常见，于是古人将其命名为红海。

成年阶段开始，海洋就开始不断进行扩张了。洋盆不断拓展，大洋中脊和深海平原逐渐形成，且向两侧不断增生，所以大洋迅速扩张、茁壮成长，如大西洋。大西洋是世界第二大洋，约占地球表面积的20%，宽阔的洋面上分布着众多的岛屿，其中不乏一些著名大岛：大不列颠岛、爱尔兰岛、冰岛、古巴岛等。同时一些著名的河流诸如密西西比河、圣劳伦斯河、莱茵河等都与大西洋连通。而且大西洋有着丰富的矿产资源和水产资源。大西洋就是典型的成年期的代表。

人过中年，虽然还是很健壮，但是已经开始出现各种衰退的迹象，例如记忆力下降、注意力不易集中等。大洋盆地到了这一时期，也开始出现了衰退的迹象：大洋中脊虽然继续扩张增生，洋盆极度扩大，但是大洋边缘出现强烈的俯冲现象，大洋盆地进入到了衰退阶段。太平洋是现今地球上第一大洋，跨度从南极大陆海岸一直延伸至白令海峡。太平洋是一个古老的海洋，自盘古大陆分裂以来，直到今天，它一直在收缩，面积大约已经减少了三分之一，虽然它还是现今地球上第一大洋，但是它正处于衰退阶段。

到了晚年，大洋盆地进入到了终了阶段，这一时期随着洋壳的不断缩小，两侧陆壳地块越来越靠近，中间只留下一块小小的洋壳盆地。地中海是世界上最古老的海，地中海沿岸还是古代文明的发祥地之一。例如古埃及、古巴比伦王国、古希腊文明、古罗马帝国文明都在此诞生。但是孕育了这么多文明的地中海却已到暮年之际，东地中海是洋盆进入到终了阶段的最好实例。这时洋盆进一步收缩，大洋中脊在俯冲的作用下已经消亡。洋壳不能再增生，洋盆只能日渐缩小。甚至一些学者预测，也许在千万年后，地中海会完全消失。

随着终了阶段海洋的进一步收缩，海底开始隆起，海水退去，留下裸露的海床，又经过演变形成了褶皱山系，成为了已经消逝的洋盆的遗迹。喜马拉雅山脉，终年被冰雪覆盖，藏语称它为"雪的故乡"。喜马拉雅山脉是世界海拔最高的山脉，其主峰珠穆朗玛峰是当今世界最高峰，并且还在不断增高中。然而你能想象在20亿年前，这里是一片海洋吗？是消逝的海盆的遗迹吗？在大约3000万年前的新生代早第三纪末期，随着地壳运动的加剧，这里逐渐隆起，形成了世界上最雄伟的山脉。

海底的山脉：大洋中脊

在陆地上，不仅分布着广阔的平原，而且崇山峻岭遍布陆地，形成了奇特的景观。在海洋中也是一样，不仅有一望无际的深海平原，也有一道道山脉横亘在海底，这些山脉所在地，地震和火山活动频繁，十分凶险。不过震级一般不大，并不能引发海底震荡。

人类对海洋的大规模探索仅仅发生在最近的两百年之内。早先由于科学技术条件有限，人们不能深入海洋，所以认为海洋里就像湖泊一样，较为平坦，并没有想到海底还有山脉的存在。英国是一个海洋大国，世界上许多著名的历史事件都和它有关，无论是 16、17 世纪辉煌的日不落帝国对海外的殖民统治，还是 18 世纪末的工业革命。蒸汽动力的出现并被运用到船舶上以后，英国人迫不及待地开始对海洋进行探索。

1872 年，英国人建造了一艘海洋考察船，船上装备齐全，被用来进行海洋勘探。由于是历史性的开始，这艘隶属于英国皇家海军的轻型巡洋舰被命名为"挑战者"号。"挑战者"号的主要任务是对海洋的深度、水温等进行探测，并通过收集一些海底的沉积物来寻找深海海底生物存在的证据。这次勘探收获颇丰，不仅测得了除北冰洋之外所有大洋的深度，而且还发现在大西洋中部存在着一条南北向延伸的巨大山脉。

这一发现轰动了世界，人们对海洋有了新的认识。到 1925—1927 年间，德国人也加入到了探寻这条巨大山脉的行列，德国人建造了一艘装有电子探测装备的考察船——"流行"号，到大西洋进行探测，德国人对大西洋中脊进行了比较详细的描绘。从这以后，世界上很多国家都加入到了对大西洋中脊探索的活动中来，甚至对印度洋也进行了探测，发现了印度洋中脊。

第二次世界大战以后，美国崛起，成为当时世界上的大国。美国海洋研究所建造了"罗玛挑战者"号海洋考察船，并于 1968 年开始对海洋进行探测。与前面国家的探测稍有不同，这是一艘钻探船，主要任务是对世界各大洋底进行钻探，并且提取沉积物进行研究。通过对不同大洋中脊沉积物的研究，科学家们发现了一个有趣的现象，沉积物的年龄和厚度随着远离大洋中脊而逐渐增加，并且科学家预测最

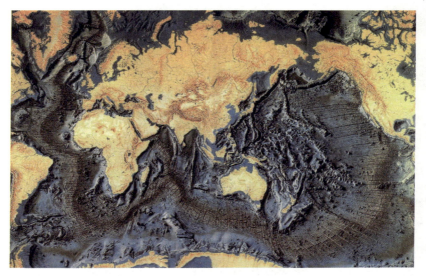

大洋中脊

厚最老的沉积物的年龄应该在十几亿年，然而事实表明，这些沉积物的年龄大多不超过 2 亿年。为了进一步对海底的沉积物测量，科学家们发明了水下地震装置。声呐的出现使得人们逐渐揭开了大洋中脊神秘的面纱。

人们对大西洋中脊有了清晰的认识。它起始于冰岛，一路南下直到南极洲附近。这条约为 3000 米高的巨大凹槽将大西洋分割为东西两部分，东部与非洲相邻，西部紧邻南美洲。科学家们还发现在赤道附近，大西洋中脊被一组断裂带分割开来。自这组断裂带开始，大西洋中脊的轴出现了大幅度的偏移。

太平洋是进入到衰退期的大洋，它没有像大西洋中脊那样雄壮的大洋中脊，而是仅有一些平行于峰顶的低脊和槽谷，并且位置也不在太平洋的中央，而是在东部，称为"东太平洋洋隆"，它从南极圈开始一直延伸到加利福尼亚湾。一些学者认为，"东太平洋洋隆"进入加利福尼亚湾后没有停止，而是继续向北延伸，形成了果尔达海岭和胡安德福卡海岭。这里的地形没有大西洋中脊那样险峻，但是大量火山会沿着裂缝喷发，不过人们在其顶部找不到更多的沉积物质。

对于印度洋中脊，在中国人眼里它像是一个"人"字，而在外国人眼里它呈"Y"字形。它由三支洋脊构成，其西南的一支向西绕过非洲大陆南端与大西洋中脊相接；东南分支向东南进入太平洋，在新西兰与南极洲之间与东太平洋中隆相连；两只洋中脊在印度洋北部合二为一，形成新的一支洋中脊一直进入亚丁湾，与红海断裂和东非大裂谷相连。

古希腊哲学家柏拉图在他的著作中提到这样一件事：曾经有一处叫"亚特兰蒂斯"的文明之地，沉没在了大西洋底。后来科学家们发现，西南印度洋中脊处有可能是一处地壳与地幔边界的神秘之地——"亚特兰蒂斯浅滩"，这里之所以神秘是因为这里的重力、磁力等都与别的地方不一样。1978 年，科学家首先在亚特兰蒂斯浅滩钻了一个大约 500 米的孔来探测海底的成分，但是后来这个孔莫名"消失"了。直到 1997 年，科学家又找到这个孔继续钻探，当钻到 1500 多米的时候，近千米长的钻杆折断了，再也无法取出。没办法，1998 年科学家又在这个孔的附近钻了一个新的孔。经过多次的探索，科学家们不断对其进行探索，确信这里是研究地壳与地幔转化的理想"构造窗口"，吸引了大批科学家来探索。

对于大洋中脊形成的原因，虽然有很多不同的见解，但是当海底扩张说和板块构造说被提出后，很多说法由此而展开。普遍的解释认为：大洋中脊轴部是海底扩张的中心，地幔物质沿脊轴不断上升形成新洋壳，故中脊顶部的热流值甚高，火山活动频繁。中脊的隆起地形实际上是脊下物质热膨胀的结果。在地幔对流带动下，新洋壳自脊轴向两侧扩张推移。在扩张和冷却的过程中，软流圈顶部物质逐渐冷凝，转化为岩石圈，致使岩石圈随远离脊顶而增厚。洋底岩石圈在扩张增厚的过程中逐渐下沉，于是形成轴部高两翼低的巨大海底山系，形成了大洋中脊。

年轻的地壳：大洋地壳

大洋地壳位于大洋盆地下的地壳，简称洋壳。它的厚度和温度分布比较均匀，平均厚度为 6.4 千米，全球范围内的洋壳的变化范围也不会超过 20℃，看样子还是比较温和的。相比于大陆地壳，大洋地壳的年龄相对要年轻一些，一般大陆地壳的年龄约为 40 亿年。可见在地球形成不久，当地球冷却下来后，大陆地壳就形成了。科学家们对大洋地壳进行探测后发现，大洋地壳的平均年龄仅为 1 亿年。为什么有这么巨大的差异呢？原来这是受大洋地壳在地幔中循环作用的影响，在过去的几十亿年中，几乎所有的海洋都曾经消失，成了陆地的一部分。所以大陆地壳才能够拥有着如此长的历史。虽然两者相差甚远，但是这不代表大洋地壳的组成变得简单。反而，科学家们发现大洋地壳的构造是十分复杂的。

经过无数次的探测，地质学家们将大洋地壳分为四层。顶层与大陆地壳的物质完全相同，陆壳的表层主要以坚硬的花岗岩组成，而大洋地壳的顶层则是由海底熔岩溢出后产生的枕状玄武岩构成。第二层为一些混杂的进入地表的席状岩墙组成。第三层是辉长岩层。最后一层是覆盖在地幔上的橄榄岩层。

洋壳的顶层由大量的玄武岩构成，这不奇怪。这些熔融的岩浆带着火热的热情从大洋中脊处喷发出地表，从洋脊处流下来后逐渐冷却变硬，形成席状或枕状玄武岩。部分岩浆在上升的过程中就冷却凝固了，形成了席状的岩墙，垂直地挂在那里。随着熔岩周期性的喷发，新的洋壳不断生成，若是熔岩活动沉寂下来，洋壳也就不再形成。大洋板块在形成时是比较薄的，随着熔岩的不断喷发，沉积岩层不断堆积，洋壳越来越厚，以大洋中脊为中心，向远处逐渐增厚。由最初的几千米逐渐增加到80多千米。当大陆边缘的大洋板块越积越厚时开始下沉。大洋板块进入到了地幔，重新以熔融状态的形式存在，作为熔融岩浆再一次寻找机会喷发。所以这是一个循环的过程，能够为新生的洋壳提供充足的物质来源。

　　大洋地壳和陆壳是有很大不同的。从地壳厚度上看，陆壳一般要厚些，而洋壳相对要薄一些。从岩层新老程度上看，洋壳显得较为年轻。从结构上讲，也有很大的不同。显著的特点是大洋的结构要比大陆型地壳更为均一，自上而下，由沉积层和硅镁层组成，缺失硅铝层。洋壳的沉积厚度在不同的海域也有显著的变化，但镁铁质的第三层却相当均匀，在这一点上与厚度变化甚大的大陆型地壳的硅镁层有很大不同。"安山岩线"是一条分割大洋型地壳和大陆型地壳的分界线。在此线的大陆一侧主要是安山岩、英安岩、流纹岩等，硅质较多，为大陆型地壳；而此线的大洋一侧主要是橄榄玄武岩、粗面岩等，硅质较少，为大洋型地壳。

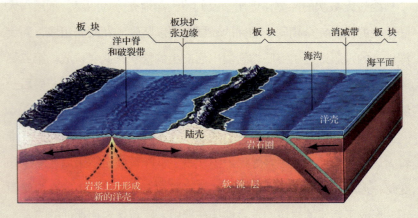

大洋地壳

分布不同也是很明显的特点。大陆地壳主要出现在大陆、大陆边缘海以及较小的浅海。地壳的化学组成以硅铝质为特点。地壳可以承受强烈的板块构造运动，所以能寻找到 38 亿年前的地壳岩石。大洋地壳则主要分布在世界各大洋中，缺乏硅铝层。不像大陆地壳一样可以承受剧烈的地壳运动，所以大洋地壳的年龄一般都较小。

大洋地壳则比大陆地壳薄，基本缺失硅铝层，仅少数洋区有硅铝薄层。这是什么原因造成的呢？一些学者推断，其实大洋地壳原本是有着完整的硅铝层的，但是由于一些原因碎裂破散了。造成这种情况的原因不外乎两种：一种是"地球膨胀"，即原始地壳仅硅铝层一层，后地球膨胀，地壳破散之后，液态硅镁层才凝成固态；另一种是"外星撞击"，即在某地质年代，一颗外星撞击地球，使只有硅铝层一层的原始地壳破裂碎散。之后，硅镁层才凝成固态。但根据一些地质现象进行分析，很可能是这两种机制综合作用遂使大洋地壳基本缺失硅铝层，其中"外星撞击"是主要因素。

大洋的俯冲带：海沟

在海洋中不仅有着高耸的山岭峡谷、广阔的平原，而且还有一道道深沟，这些沟槽深不见底，据测定，最深的地方竟然有 10000 多米，这可比陆地上的小沟深多了。在海沟的两侧是陡峭狭长的山壁。在大洋的边缘经常能够见到。

我们知道随着熔融岩周期性的运动，大洋地壳越来越厚，尤其在边缘地带，按照常理来说，沉积物会一直堆积，但是科学家们在世界各大洋的边缘地带均发现了一些海沟，这些沉积物将海沟的表层包裹得严严实实。地球上主要的海沟都分布在太平洋周围地区，地球上最深，也是最知名的海沟是马里亚纳海沟，它位于西太平洋马里亚纳群岛东南侧。

海洋中脊形成后出现了大洋岩石圈，在不断向外扩张的过程中，大洋岩石圈温度不断降低，厚度逐渐增加，后俯冲到软流圈地幔中。在俯冲的过程中，一部分先进入地幔，剩下的部分就像是一条长长的尾巴被拖拽着向下俯冲。俯冲的岩石圈沿着大陆的边缘形成了一条深沟，这就是海沟。也有人认为由于海洋板块和大陆板块的相互作用才形成了海沟。一些密度较大的海洋板块以一定角度插入到大陆板块之下，两者相互摩擦，形成了狭长、幽深的"V"字形海沟。

科学家们发现，在太平洋海沟分布的大多地方都处于地震带上，有没有可能是地震引发了海沟的形成？科学家们对此进行了推测，他们认为，在板块下地幔俯冲的过程中，会产生一系列深源地震，这些地震具有很大的破坏性，岩石圈在地震中不断向下沉，形成了海沟。虽然现在大多以板块的俯冲作用来解释海沟的形成，但是海沟的形成机理相当复杂，还需要进一步研究。

海沟在平面上大多呈弧形向大洋凸出，横剖面呈不对称的"V"字形，靠近陆地的一侧较为陡峭，靠近海洋的一侧略为低缓。海沟两侧地质结构复杂，虽然沉积物较少，有红黏土和硅质沉积，也有来自相邻大陆或岛弧的浊流沉积和滑塌沉积，但是独特的阶梯状的地貌也使其魅力增加不少。在海沟的附近布满了大大小小的地震带，这些恐怖的"不定时炸弹"从海洋一侧不断向陆地一侧加深，所以生活在岸边也是一件十分危险的事。

海洋中布满了大大小小的海沟，有的海沟可能有上亿年的历史，有的海沟则是新生成的。海洋学家通过海底的蛇绿岩套、压低温变质带、混杂岩来鉴定海沟的年龄。

世界上最深、最神秘的海沟莫过于马里亚纳海沟。这条海沟位于菲律宾东北、马里亚纳群岛附近的太平洋底。早在 19 世纪末，人们

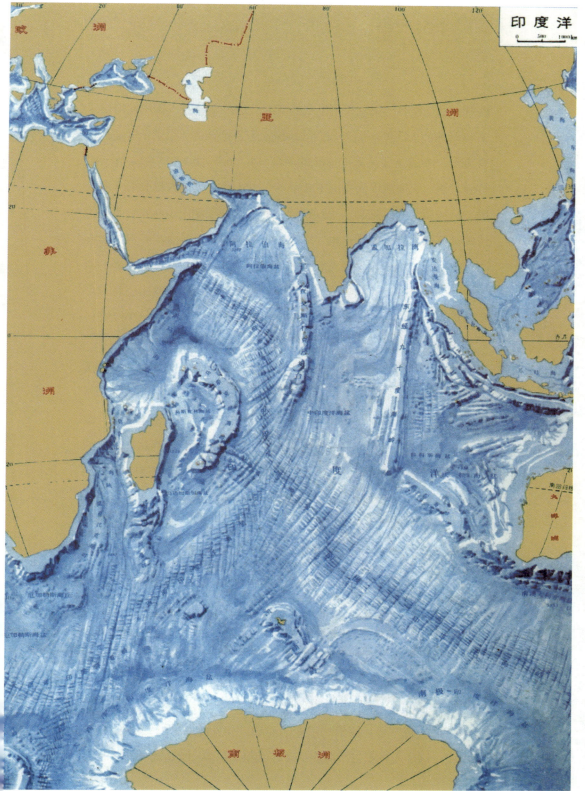

印度洋

海沟

就意识到这里有一系列深不见底的海沟。1899年，首次探测便得出了9660米的惊人深度。后来人们陆续探索想要打破这一纪录，但是都没有实现，难道这便是海沟最深的深度吗？30年后，这一纪录终于被打破，这一次探测仅仅多出100多米。1951年，英国人驾驶海洋考察船"挑战者二号"来到这里跃跃欲试，不久便探测出10900米傲人的成绩。苏联人也来到了这里，宣称发现了更深的一条海沟，但是没有宣布海沟具体的深度，给人们留了一个念想。1960年，美国人坐不住了，开始前来探测，并打破先前保持的纪录。在这次考察中还有一个意外的发现，他们在这样深的海沟中发现了一条小鱼和一只小红虾！虽然不是在海沟最深处发现的，但也让科学家们惊叹不已。

在这一年瑞士著名的深海探险家雅克·皮卡尔与美国海军中尉沃尔什乘着深水探测器成功潜入到马里亚纳海沟，当他们潜到将近一万米的时候，潜水器发生了剧烈的震动，一块舷窗玻璃上还出现了轻微的裂痕。两人虽然担心会有意外发生，但是也不愿意放弃这样难得的机会，于是决定继续下潜。但巨大的水压使得他们仅仅在海底待了20分钟后，就不得不返回。在这次探险中，他们发现了许多人类从未见过的深海动物，真是大饱眼福。

时隔两年后，已知海沟的深度已经达到了10915米。这次探测过后，终于能守得"擂台"，至少在很长一段时间里，人们再也没能打破这项纪录。时间一晃，到了1984年，日本人将自己最新研发的探测机器"拓洋"号送到了马里亚纳海沟，并打破了保持了20多年的纪录。对于这一纪录，日本人还是不满足，又进行了多次探索，成功将纪录保持在10911米。

2012年3月，美国好莱坞著名导演詹姆斯·卡梅隆独自乘坐潜艇"深海挑战者"号，探索马里亚纳海沟，并且成功下潜到近11千米的海底，这是人类第二次探底马里亚纳海沟，海沟底部是一片漆黑，温度只有几摄氏度，3 个小时的探险活动让卡梅隆记忆尤深。他在收集了大量生物、地质标本后返回了地面。

2012 年 6 月 15 日，中国人驾驶着"蛟龙"号第一次来到了马里亚纳海沟，并成功潜入到水下 6671 米的地方，收集了大量标本，随后"蛟龙"号在马里亚纳海沟共进行了 6 次试潜，最大下潜深度达到了 7062.68 米，刷新了我国人造机械载人潜水的最深纪录。

在马里亚纳海沟距水面以下约为 7000 米的地方，人们发现了一只小鱼。我们知道在千米深的海水中能够见到人们熟知的虾、乌贼、章鱼等生物；当潜入到 2000 ～ 3000 米的地方鱼类已经很少了。到 7000 米，能发现鱼类可以说是一个奇迹了，为什么这么说呢？因为，生活在这里的鱼表面上看去是那么柔弱，但是当你知道它们要承受 700 个大气压时，你就会被它们的强大而感到震惊。700 个大气压可以将任何的钢制品压得变形，而生活在这里的鱼竟然能够存活，不是奇迹又是什么？相信随着人类不断对海洋的探索，能够潜入到更深的地方，为我们揭开最深海沟的神秘面纱。

Part 3

原始海洋的样子

　　万事万物都有一个发展的过程，有些事物历经亿年的风霜雨雪、风云变幻，仍然保持了原始的面貌，如古老的岩石。而一些事物却破茧成蝶，跟着进化的浪潮一路前行，例如海洋。原始海洋跟今天我们看到的海洋有很大的不同，它起初的味道是淡的，海水中也没有氧气，海洋中更没有生命。直到那一缕缕阳光破开云雾照进海水中，海洋才逐渐孕育出生命。

原始海洋形成的原因

　　人类虽然是这颗蓝色星球的改造者，但是却不是它的创造者，相比于地球的几十亿年的成长过程，人类的历史显得那么短暂。每当我们面对广阔的大海，我们不禁要问：海洋是如何产生的，原始的海洋和现在一样吗？还是和地球一样，经历了漫长的成长与演化？

　　海水是咸的，生活在海边的人都知道，即使是漂流在无边无际的大海上，没有水源，也不能直接饮用大海里的水，因为海水里的盐分很大，会越喝越渴。然而原始海洋的海水却没那么咸。海边一直是度假的好去处，金色的沙滩，波澜壮阔的大海，你是否想到海里畅游一番？然而原始的海洋却是有毒的。原始的海洋在很多方面都与现在的海洋很不相同，那么你知道原始海洋是怎么诞生的吗？

　　由于历史太过遥远，人们对原始海洋的产生也提出了不同的观点。一种观点是认为在地球形成的过程中，海洋就产生了。约在 50 亿年前，从太阳星云中分离出一些大大小小的星云团块。它们一边绕太阳旋转，一边自转。在运动过程中，互相碰撞，有些团块彼此结合，由小变大，45 亿年前，逐渐成为初生的地球。初生的地球带着原始狂热的气息不断旋转和凝聚，本身的放射性物质（如铀、钍等）的蜕变生热，温度不断升高，当内部温度达到一定程度，其中的重物质就沉向内部，于是形成了地核和地幔，一些较轻的物质则分布在表面，形成地壳。这时地球的温度开始逐渐降了下来，地表的温度相对于地球内部的温度较低，初形成的地壳又薄又硬。

　　地球内部逐渐进行冷却和收缩，在这个过程中，地壳下面形成了空隙，变得很不稳定，在重力的作用下，地壳开始大规模塌陷，形成一些裂缝。地球内部的岩浆终于寻到了出口喷薄而出，引发了火山和地震。当时的地表温度高于水的沸点，这些从火山中喷发出的气体只能以水蒸气的形态存在于原始大气中，高高地俯视着下面灼热的大地。

地表不断散热，在天空徘徊了良久的水蒸气终于凝结成水。这时地表的温度也降到了沸点以下，密集的雨点争先恐后纷纷投入到了大地的怀抱。雨水在凹地聚集，形成了江、河、湖、海。这便是原始的海洋。

当然并不是所有人都认同这一观点。地球的诞生已经是一个奇迹，所以对原始海洋的形成，一些人充分发挥了自己的想象。他们认为，地球形成之初，在太阳引力和地球自转的作用下，一部分地块被甩到太空中，这部分地块就是今天看到的月亮。地块被甩出后留下了一个大窟窿，后经过漫长的发展，逐渐形成了原始的海洋。这种设想虽然充满了奇思妙想，但是许多科学家却认为，这种设想简直是天方夜谭，因为要想让地块从地球表面飞出去，地球的自转速度至少是目前地球自转速度的 17 倍，这个想法太疯狂，让人难以置信。

海洋

有一种假设认为可能是天外小星球正好撞上地球，留下了一个大坑，由于撞击猛烈，其他陆壳破裂张开，内部的水分汽化与气体一起冲出来，飞升入空中。但是由于地心的引力，它们不会跑掉，只在地球周围，水汽与大气共存于一体。后来随着地表的冷却，地球表面皱纹密布，凹凸不平。高山、平原、河床、海盆等各种地形开始形成，大气的温度也慢慢地降低，水汽变成水滴，越积越多。由于冷却不均，空气对流剧烈，形成雷电狂风，暴雨浊流，雨越下越大，一直下了很久很久。滔滔的洪水，经过千川万壑，汇集成巨大的水体，形成了原始的海洋。在地球上或月球上都可以看到陨石坑，虽然规模很小，但是完全有这种可能。

还有一种假设认为水是从天外来的。美国科学家提出了这种假设，他们从卫星获得了高清晰度的照片，在分析这些照片时，发现一些"洞穴"状的黑斑。科学家认为，这些"洞穴"是冰慧星造成的，冰慧星的直径多在20千米，大量的冰慧星进入地球大气层，形成了原始海洋。

不论哪种可能，原始的海洋确实形成了，而且与今天我们看到的海洋有很大的不同。原始的海洋并没有现在的海洋那么广阔。据估算，它的水量大约只有现代海洋的10%。后来，贮藏在地球内部的结构水开始汇入海洋，原始海洋才渐渐壮大起来，形成了蔚为壮观的现代海洋。

原始海洋盐分较低，海水不像现代海水那样又苦又咸。原始海洋中的有机物质要比现在海洋丰富得多。当时大气中无游离氧，所以高空中自然也没有臭氧层阻挡，太阳辐射的紫外线能直射到地球表面，成为合成有机物的能源。氨基酸、核苷酸、核糖、脱氧核糖等有机分子都随着雨水冲进了原始海洋，并迅速地下沉到原始海洋中，又经过了很长时间，原始海洋中的有机分子越来越丰富，这就为生命的诞生创造了必要的条件。此外，天空放电、火山爆发所放出的能量、宇宙间的宇宙射线等，也都有助于有机物的合成，逐渐出现了细菌和简单藻类的单细胞生物。所以原始海洋并不是一片死水，也有生命的存在。

原始海洋的起源与演化

现在研究一般认为，在 46 亿年前，地球起源于原始太阳星云，初形成的地球，具有很大的热量，在重力作用之下，分化为地核、地幔和地壳的层状结构。这一过程影响着大气圈、水圈以及生物圈的生成与演化。

在地球历史的早期，水分呈气态混于原始大气之中，当地表温度降到沸点以下，水蒸气冷凝为水，形成原始海洋。由于大气中含有氯化氢和二氧化碳等气体，所以原始海洋的海水是酸性的，而且温度也较高。原始大洋在以后的不断演化中伴随着化学作用的发生。原始海洋中的酸性热水与火成岩中的矿物发生了化学反应，形成了原始大洋的沉积物，这些沉淀物含有铝黏土矿物。

想要了解原始大洋的演化过程，首先要了解地球水圈的形成。根据地球上已发现的古老沉积岩的分析，推测出了地球水圈在地质历史早期就已经出现。在南非发现了年龄为 34 亿年的古老沉积岩，在格陵兰西南部发现了最古老的岩石，已经有着约 38 亿年的历史。

地球水圈形成后，也许延续到距今 15 亿年前，这段时期是酸性、缺氧的原始海洋逐步转变为现代大洋水的过渡时期。早期的原始海洋的含氧量是极低的，在 20 亿年前，碳酸盐是很少见的，碳质沉积是石墨和油母岩。到 18 亿年前，在沉积岩中有许多易氧化矿物的碎屑，但是它们并没有遭到氧化。

随着时间的推进，火成岩与酸不断作用，产生中性或偏碱性的溶液，酸性的大洋开始逐渐改变其性质。到距今 15 亿～20 亿年时，原始海洋开始具有现代海洋的特点。到这一时期，海洋中发生了巨大的变化，开始出现具有真核细胞的绿色植物，大量游离氧开始生成，海洋中氧化反应更加频繁与剧烈。这些游离氧跑出水面，跑到大气层中，逐渐形成了具有现代特点的海洋水和大气。与此同时，铁被氧化，存在于风化的岩层中。灰岩和石膏开始大规模形成。这时水圈和大气圈也开始具备现代特点。

现代海洋的海水是咸的，那是因为在海水中有大量盐分的存在，根据科学测定，现代海水中，平均每 1000 克海水含有 35 克盐。现代海洋又是广阔的，占地表面积的 70% 还多。有人估计，如果将海水中的盐分提取出来，铺在陆地上，盐层厚度可达 153 米。然而原始海洋的盐分却是很少的，那么海水为什么会变咸呢？海水中的盐分大部分来自陆上的岩石和土壤，雨水不断地对其冲刷，使得岩石风化，岩石和土壤中的盐分随着河流汇入大海，加上海中水分的不断蒸发，海水中盐的浓度越来越大，逐渐形成了今天的咸性海水。

海水

有人好奇，随着盐分的越积越多，海水会不会越来越咸。其实海洋就像一个自我循环的中转站，在水和某些盐类向大气圈蒸发的同时，某些盐类也已形成矿物的形式沉入海底，或是被生物吸收。盐类物质也会随着浪潮被带上海岸。所以现代大洋长期维持着一种盐类收支平衡的稳定状态，这很是奇妙，而这种奇妙的自我循环能力早在15亿～20亿年前就已经开始形成。

大洋盆地是海洋的主体，是海水汇聚的地方，约占海洋总面积的45%。关于大洋盆地起源，也有各种各样的学说。有人认为是陨石撞击形成的；有人认为是地块从地球分离出去后形成的；有人认为是地壳密度小的区域形成大陆，密度大的形成洋盆；有人认为，是由海底扩张而形成。

加拿大地质学家威尔逊研究了大陆分合与大洋开闭的关系，将大洋盆地的形成和构造演化分为六个阶段：胚胎期、幼年期、成年期、衰退期、终了期、遗痕期，这就是著名的"威尔逊旋回"。在胚胎期，地幔物质的上升导致岩石圈拱升，形成大致连续的裂谷体系，典型代表是东非裂谷系，它具有许多与大洋中脊类似的特点，虽然它还没有生成洋壳，但已张裂，可视为胚胎型的大洋。进入幼年期，形成与岸线近似平行的狭长海，典型代表是红海、亚丁湾已出现新生洋壳，是现代大洋的雏形。到了成年期，随着大洋的进一步扩张，形成大洋中脊居中的大洋盆地，具有现代大洋的一切特点，典型代表是大西洋。随着洋底变窄，大洋进入衰退期，太平洋是世界上最大的大洋，它的扩张速率很高，但是因洋盆边缘的收缩大于东太平洋海隆的扩张，所以太平洋整体正处于收缩的过程中。终了期发生相向运动的大陆彼此接近，大洋趋于关闭，典型代表是地中海。地中海在中生代时期就出现了，但是后来由于非洲板块和欧亚板块的碰撞，地中海被封闭，成了一片沙漠，直到后来直布罗陀海峡被冲破，大西洋水灌入了这片土地，才使得地中海重新焕发出生机。终了期的残余海洋进一步收缩，直至海水干涸，大洋消亡，两侧大陆发生碰撞，地面开始隆升，典型的代表是喜马拉雅山。

原始海洋是一个整体的泛古洋，经过几次超级大陆的形成与分解，才逐渐形成今天的海洋分布格局。侏罗纪早期，从墨西哥湾到直布罗陀一线张裂开来，泛古洋的海水进入墨西哥湾，形成了太平洋。白垩纪末期，劳亚古陆和冈瓦纳古陆都高度分裂，大西洋、印度洋和南大洋相继出现。

原始海洋什么样？

地球上的生命起源于海洋，然而我们对海洋的了解远远不及对陆地的了解，海洋充满了神秘，尤其在科学技术不发达的古代，人们对神秘的大海充满了敬畏。近代以来，海洋学及其相关科技的不断发展，使得我们能够对原始海洋有了一个比较清晰的认识。那么早期地球上的海洋到底是什么样子呢？

原始海洋是酸性的热洋。海洋刚形成时，海水和江河湖水一样，是淡的。随着雨水的不断冲刷，岩石和土壤里的盐类物质随着河流进入了大海。经过长时间的积累，海水中的盐分越来越大。后变成了大体积的咸水。

早期的海洋可不是游泳观赏的好地方，因为早期的海水是有毒的，难以生存。丹麦南方大学的研究员发现，原始海洋中存在大量硫化物。负责本次研究的马修博士称："这是惊人的发现，当时的海水与现在存在很大的差距，不过我们还不知道它们是怎么变化成现在这样的，这还需要慢慢地研究。"当时这种海洋硫化物十分丰富，特别是在浅海区域。

原始的海洋是缺氧的。早期的大气中是没有氧气的，自然也没有臭氧层，紫外线可以肆无忌惮地直达地面。在30多亿年前，海里产生了低等的单细胞生物，到6亿年前的古生代，已经有了海藻类植物，能够进行光合作用，氧气随之产生，渐渐天空中也有了氧气，氧气越积越多，形成了臭氧层。有了氧气后，生物才开始到陆地上活动。

原始海洋的洋壳主要由花岗岩构成，而今天一些海洋的洋壳则由玄武岩构成。为什么会出现如此大的差异呢？ 46亿年前，太阳内部因核聚变而发生爆炸，飞出许多熔融的火球，地球就是其中之一。飞出去的地球在到达一个适当的距离后停了下来，在围绕太阳公转的同时，自身也自转。在万有引力的作用下，地球上的铁、镍等密度大的物质沉向地心形成地核，含有镁、铝等元素的密度小的物质向上浮形成了地幔、地壳。之后随着地球温度不断降低，地球逐渐收缩。最先冷却的是最轻最上层的花岗岩，所以岩石圈是由花岗岩形成的。原始海洋的洋壳由花岗岩构成。

玄武岩

地球膨裂说认为，在2亿年前，由于地球内部的放射性物质不断衰变放出热量，内部压力逐渐增大，海底岩石圈开始发生膨裂，内部的玄武岩岩浆喷出来，遇到海水冷却，就形成了新的洋壳，所以一些海洋的洋壳是由玄武岩组成的。

每当我们看到地球上构造奇特的峡谷照片时都会为大自然的神奇力量所倾倒。你知道吗，海底峡谷也是很漂亮的。地质学家们推断，现在海底中的峡谷早在地质时代就已经形成。但是却没有人知道这些峡谷是怎样形成的。

根据对留下来的原始海洋的海底峡谷的考察，地质学家们发现，这些峡谷就像是被切割一样，蜿蜒曲折，两边的山壁很陡峭。一些人认为这些峡谷的形成和冰河有关。当时冰川吸取了大量海水，海平面下降，渐渐形成了这些峡谷。但很多地质学家却不这么认为，他们表示，冰河时期海平面下降为几百米，只有当海平面下降了约1600米时才可能形成这些峡谷。

也有人说，可能当冰河时期海平面降到最低时，海底出现了大量泥流，在海流的冲击下，这些泥流一路前行冲刷出了这些峡谷。但是这仅仅是一种假设，并没有充足的证据，所以对于这些峡谷是怎样形成的，至今没有统一的看法。

随着海洋的不断进化，原始海洋逐渐被现代海洋取代，至今还有原始海洋存在吗？"罗斯海"是南极的一块原始生态海洋，被称为"最后的海洋"，1841年，英国詹姆斯·克拉克·罗斯船长率领的皇家海军探险队发现了罗斯海并将其命名。罗斯海保存着原始海洋的生物链，在强大的东风漂流影响下，形成了顺时针环流，海水上下翻涌，海洋资源丰富。这里是企鹅、鲸鱼、海豹等动物的天堂。罗斯海还是南极犬牙鱼的主要栖息地。南极犬牙鱼是十分珍贵的鱼种，它的肉质鲜美，人们称之为"白黄金"，可是自从1996年被发现以来，在利益的驱使下，商人纷纷踏至这片土地，开始大量捕杀，犬牙鱼的生态平衡遭到了极大的破坏，对科学研究造成了极大的影响。原先每个季度，科学家们都能捕捞到数量可观的犬牙鱼，做上标记，研究它们的迁移路线，但是现在很难看到大一点的犬牙鱼的身影了。犬牙鱼的寿命可达50年以上，大量大型犬牙鱼的消失，使得科学家们不得不终止了研究。

在过去的几十年中，还出现过捕杀海豹和鲸鱼的浪潮。当时的技术条件有限，再加上后来捕鲸活动被废止，所以对罗斯海的整个生物链来说，并没有造成更大的破坏。但是人类仍然不能掉以轻心，因为据研究人员分析，任何一片海洋的生物链都是环环相扣的，犬牙鱼是海豹、企鹅、鲸鱼的主要食物来源，犬牙鱼的减少，很可能会直接影响到这些动物的生存。一旦犬牙鱼真的消失了，罗斯海的生态平衡可能会被打破。所以要严厉打击来罗斯海掠夺海洋资源的商业行为，这可能是地球上最后一片"纯净"的海洋了。

对于一心想保护要罗斯海的人们，他们的保护行动一直没有间断过。早在 2005 年，南极海洋生物资源养护委员会准备以罗斯海为中心建立一个海洋保护区。美国主张更严格的保护措施，而新西兰因为得益于捕鱼，所以不同意美国的提议，剩下的成员国也提出了不同的见解，计划一直没有实施。但是，一些民间组织和个人都默默地保卫着罗斯海，成为了罗斯海忠实的守护者。

原始海洋有生命存在吗？

生命起源于海洋，发展于陆上。科学家们在距今约 34 亿年的古老海洋沉积岩中发现了细菌化石的遗迹，生命在此之前就已经产生。生命的起源应始于氨基酸的形成，那这些氨基酸是怎么产生的呢？早期还原性大气圈的一些气体溶解于大洋水中，在放电和紫外线辐射等能量作用之下，它们聚合成氨基酸、碱基和核糖等大的有机分子。这些有机分子经过长期的聚合，最后组成蛋白质、核酸等生命物质。

为什么最早的生命不是在陆地上形成呢？因为早期的陆上条件是十分恶劣的，虽然紫外线能够促使生命物质的合成，但是这些紫外线对于地表刚形成的生命物质具有巨大的杀伤力，当时没有形成吸收紫外线的臭氧层，反观海里，有海水的保护，紫外线没那么容易射到新生的生命体上，所以生命在海洋产生了。

这些氨基酸最先形成的是无生命的有机物，而并不是生命物质或是原始生命体。对于早期的原始生命体来说，不仅紫外线是一种有杀伤力的气体，就连游离氧也会威胁到诸如厌氧细菌等没有保护系统的原始生命体的生存。早期大气和海洋中正好缺氧，所以生命物质便得以在大洋中积累起来，演化成生命。

最早出现的是单细胞的原核生物，主要以细菌和蓝藻为主，进行无性繁殖。距今约30亿年前，出现了最初的光合生物，这种光合体能够合成有机食物维持自己的生存，同时又能产生氧气，当然这种氧气对自身也有侵害作用。不过，食物的发展是相生相克的，可以抵御氧对生命体侵蚀的酶随之出现。在距今14亿～18亿年前，生物的发展进入到了一个新的阶段，真核生物开始出现，生物得以有性繁殖，这种先进的繁殖方式很快繁荣起来。距今15亿～20亿年前，地球上发生了重大的变化，海洋逐渐向现代海洋过渡，臭氧层开始形成，大部分紫外线被吸收，海洋里的生物开始从深海处走到浅海区域，甚至来到陆地上呼吸新鲜的空气。新的生命体也不再惧氧。到10亿年前，真核生物已是十分繁多，又经过几亿年的发展，到寒武纪，大量种类繁多的有壳多细胞生物开始出现，迎来了寒武纪生命大爆发，三叶虫、鹦鹉螺、蛤类、珊瑚、原始水母等先后开始大规模出现。

海洋中生物向陆地的迁徙并不是那么顺利，由于月亮的引力作用，海边出现了潮汐现象。一些生活在浅海的生物还没有做好到陆地生活的准备就被浪潮送到了海岸上，一些生物经受住了考验，向陆地进发，一些生物因为不适应新环境而死去。留在陆地上的生命又经受了严酷的考验，大约在2亿年前，爬行类、两栖类、鸟类出现了。诞生的哺乳动物一部分继续在陆地上生存，一部分返回了它们的故乡海洋。大约在300万年前，出现了具有高度智慧的人类。

海洋留给人们最深刻的印象就是神秘，然而这种神秘完全是在其自身复杂环境的基础上产生的，原始海洋中的生物比同时期的陆上生

珊瑚

物的繁殖能力要强，它们以丰富的经验来适应海洋地质条件的变化，但是面对变化无常的海洋环境，只有少数强壮的生物种类才能生存下来。生存下来的物种有着惊人的适应能力，往往能够在条件剧烈变化时做出及时的发展与进化，但是面对一场突如其来的灾难时，即使生命力再顽强，也难逃毁灭的厄运。

4.49 亿年前的一天，一束来自 6000 光年以外的伽马射线穿透大气层，击中了地球。海洋中的动物只感觉到大地剧烈的晃动，并不知道灭顶之灾已经降临。三分之一的臭氧层被击毁，紫外线带着凶煞之气大肆入侵地球，大量浮游生物死亡，海洋以浮游生物为食的物种整日忍饥挨饿，饥荒开始蔓延。不到一年，全球进入到了饥荒时期，大量物种开始灭绝，有些物种为了生存开始改变吃食习惯，没有猎物只能捕杀同类。

苟延残喘了数十年，灾难并没有结束，当时形成了一种叫做二氧化氮的有毒气体。这些气体遮天蔽日，大地陷入了昏暗，气温急剧下降，许多动物不能忍受寒冷，在风雪中死去，物种数量持续锐减。

变化异常的气候使得生活在近海的动物面临着巨大的生存危机。直壳鹦鹉螺是奥陶纪时期一种体形巨大而凶残的肉食性动物。食物的缺少使得直壳鹦鹉螺想要到深海里避难，但是深海中水压很大，久不归来的直壳鹦鹉螺的外壳已经承受不住巨大的水压，于是纷纷被压碎。而它们的近亲——卷壳鹦鹉螺，因为体形小，又有着坚固的外壳，所以生存了下来。地球上的气温继续下降，更多的浮游生物承受不住低温，渐渐消失，加速了食物链的崩溃，体形大一些的动物很难生存，反而是一些体形小的物种，很容易满足，倒不觉得有多么饥饿。

几百年过后，地球上三分之一的生物都消失了，剩下的生物在饥饿中艰难度日。这时的气温更加寒冷，海面开始结冰，海平面开始降低，海里的生物生存范围开始变小，搁浅的海滩、干涸的湖海中到处是动物的尸体。海洋中出现了大量冰山，不时发生崩塌，落下的冰块在海洋里横冲直撞，很多动物被杀死。

后来超过一半的生物都灭绝了。灾难发生 40 万年后基本结束。这场席卷全球的浩劫是地球史上第一次物种大灭绝，超过一半的物种灭绝。直壳鹦鹉螺的霸主地位被板足鲎取代，它们成为了顶级掠食者。

原始海洋上波涛汹涌

虽然原始海洋与今天的海洋有着很大的不同，但是不论是原始海洋还是现代海洋都有海浪的存在，并且几十亿年过去，海浪依旧是原始的模样。有时它会轻轻地拍打着海岸、侵蚀着光滑的岩石、抚摸着金色的沙滩，这时宛如一位慈祥的母亲用温暖的双手抚摸着自己的孩子。有时海浪会变得气势汹汹，就像是一个喝醉了酒的大汉跌跌撞撞、气势汹汹地来到岸边，激起千层浪，想要把那海岸击穿。海浪的多姿多彩吸引着人们不断去探索。

自从陆地开始形成，随着空气的流动，风儿开始在广阔的平原上、幽深的山谷中吹拂。裸露的沙石陪着他共舞。然而苍茫的大地上没有丛林、没有生命，一片死寂。风儿不高兴了，他要到新的地方去玩耍。也许是几百年，几千年，甚至是几亿年，壮阔的海洋形成了，他不再是一片火海，熔融状态的岩浆冷却了、凝固了，天空中降下雨水，地表低凹的地方形成了海洋。风儿得知这一消息，马上越过高山、平原、来到了海洋上，卷起了浪花，和大海愉快地玩耍。

海面上的波浪的运动方式很是让人难以捉摸，它们相互追逐着、打闹着，生气了也会彼此吞没。它们有着各自的运动方式，有的波浪就像是一个大胖子一样行动缓慢，迟迟到不了岸边；有的海浪则像是一只身形矫健、飞奔着的猎豹，绕过大半个海域后到达了很远的地方，及至碎裂在远方的沙滩上；有的海浪命途多舛，刚刚出生就夭折了。

海浪的移动方式极其复杂，在科学技术不发达的年代，只能对阵阵翻涌起的浪花做出无穷的遐想。随着物理学的发展，人们认识到海浪存在着一些物理特性。海浪有波峰、波谷、波长、周期。这些特性会受到风、水深等因素的影响。人们发现海浪的大小和风有着直接的关系，风速越大海浪集聚的力量越强，掀起的海浪也越高。生活在海边的人们也十分了解这位老朋友，每当一阵海浪拍打上海岸，人们通过观察可以判定这些海浪是生于近海还是来自远方。在近海新生的海浪就像是一个新生的孩子，急着想学会奔跑，但总也走不好，一路跌跌撞撞，波形尖锐陡峭，荡起的白沫在波形前翻滚。到了海岸溃散成一地碎波。成熟的海浪来自远方，在积蓄了足够的

海浪

力量后，海浪高高耸起，带着生命的蓬勃之势，"轰"的一声一头扎进波谷，其声势浩大，让人心中为之一颤。来自远方的海浪以喜悦的心情不断拍打着沙滩，碎成一地碎波，亲吻着你的双脚以彰显它内心的喜悦。

海浪在海上的路途并不是一路风光无限、平坦无难，在一些地方它们会遇上强劲的潮波。若是方向相同，它们会和潮波一起积蓄成一股强大的力量，大有势不可当之势。但是当与潮波的方向不同时，它们也懂得"道不同不相为谋"，和潮波大战起来，就像是两只凶猛的野兽在海中翻涌。涨潮或退潮的时候经常会发生这样的情况，因此形成了著名的苏格兰"急潮流"。潮浪之间的战斗越激烈，远方的海岸上就会越安静，很少有海浪拍打到海岸上来，也许激烈的战斗已经将彼此之间的力量耗尽了。海浪前进的过程中也会受到风的威胁，虽然风是产生海浪的重要因素，但是这位造物主喜怒无常，有时拥着海浪前行，将它推向人生的巅峰，形成巨大的海浪。但有时也会心情大变，将新生的海浪拍死在海面上，而不是沙滩上。

冰、雨、雪与海浪有着密切的关系。在一些时候，它们可以助长海浪的气焰，特别是在风雨交加的时候，海浪就像是一只凶猛的雄鹰，直击苍天，撕裂苍穹。有时也会对躁动不安的海浪进行安抚，减少海浪对海岸的冲击。

海啸是海浪进入暴怒时的状态。海啸有极大的破坏性，沿海的一些国家和地区时常会受到海啸的侵扰，造成重大损失。在近海的海沟地带是地震频发的地方。一些学者认为海沟本是大洋板块和大陆板块碰撞形成的，因此很不稳定，这里的海床扭曲变形，混乱且失衡。海啸往往在这里形成。最早关于海啸的记录是在公元 358 年，地中海东岸突然巨浪滔天，人们哪里见过这样大的阵势，只当是海神发怒了，巨浪将船只冲上了海岸，岸边的房屋被冲毁，数以千计的人来不及逃跑淹没在了巨大的浪潮中。

中国古人常说"无风不起浪",确实风是海浪的创造者,但是海面上的实际情况都是不管有风没风,海浪照样兴起。有风的时候会出现风浪,没风的时候会出现涌浪和近岸波。海浪的形成原因极其复杂,天体引力、海底地震、火山爆发、大气压力变化和海水密度分布不均等都会对海浪有影响。

风浪、涌浪和近岸波的波高从几厘米到20余米,最大可达30米以上。风浪是海水受到风力的作用而产生的波动,波面较陡,波长较短,波峰附近常有浪花或片片泡沫,传播方向与风向一致。一般而言,状态相同的风作用于海面时间越长,海域范围越大,风浪就越强。当风浪达到充分成长状态时,便不再继续增大。风浪离开风吹的区域后所形成的波浪称为涌浪。海洋波动是海水重要的运动形式之一。从海面到海洋内部,处处都存在着波动。大洋中如果海面宽广、风速大、风向稳定、吹刮时间长,海浪必定很强,如南北半球西风带的洋面上,浪涛滚滚。赤道无风带和南北半球副热带无风带海域,虽然水面开阔,但因风力微弱,风向不定,海浪一般都很小。近岸浪,指的是由外海的风浪或涌浪传到海岸附近,受地形作用而改变波动性质的海浪。

随着人们对海浪的了解,开始运用海浪的研究成果。通过拍摄的海浪的照片,人们可以判断出海洋涌向岸边的速度,并且借助数学方程来计算出这里的水深。这对于一些不能到达的地方,或是很难到达的地方,这种测量方法省时省力。人们还通过波浪记录器获取的信息来分析海岸的侵蚀速度。

Part 4

大洋大陆的不断变化

早期的人类并没有发现地球是圆的，很多人认为自己生在一个方的壳子里，直到人类在海洋上航行，才开始对地球的形状有了进一步的了解。等到大航海时代，人类已经确认地球是圆的，伟大航海家麦哲伦还完成了人类史上的第一次环球航行壮举。早期生活在陆地上的人们同样对海陆关系没有足够的认识，人们只当是自天地形成以来，陆地就是陆地，海洋就是海洋，海陆的面貌从来没有发生过改变，但是科学技术的发展让人们意识到，自陆地和海洋形成以来，陆地和海洋就不断地相互"征伐"。

哥伦比亚超级大陆

在地球发展的历史进程中，也经历了风云变幻，各个大陆板块总在分分合合，或是形成超级大陆，或是分散开来漂移在世界各地，各据一方。每次大陆板块的碰撞，都会引发新的气候变迁，经过多次的尝试，世界上不再空旷寂寥、没有生机，各种生物开始出现。

那么最早的超级大陆是什么样子呢？是一片荒芜还是生机盎然呢？现在一般认为哥伦比亚大陆是众多超级大陆中最早的一个超级大陆，是18亿～20亿年前因为造山运动形成的，这块大陆包括了当时地球上几乎所有的陆地，是名副其实的超级大陆。

约在20亿年前，非洲南部的卡普瓦克拉通和辛巴威克拉通沿着林波波带合并。劳伦大陆的克拉通岩石区则在19亿年前的佩尼奥克、沃普梅、昂加瓦、托恩盖特造山运动中缝合；西伯利亚的阿拿巴克拉通和阿尔丹克拉通在18亿～19亿年前的阿基特坎与中阿尔丹造山运动中连在一起。东南极克拉通和未知的陆块在横贯南极山脉造山运动中连接。印度南部和北部在印度次大陆中央构造带结合。

哥伦比亚大陆是众多大陆中存在时间较长的大陆，从18亿年前形成后，一直到13亿年前分裂完毕，在几亿年的发展中，众多火成岩带、岗岩带开始形成。如在13亿～18亿年前，形成了沿着今日北美南缘、格陵兰和波罗地大陆的火成岩带。

哥伦比亚大陆在14亿年前开始分裂。相关的大陆漂移沿着劳伦大陆西缘、印度东部、波罗地大陆南缘、西伯利亚东南缘、南非东北缘与华北陆块北缘进行。至于大陆分裂的原因，很多学者都认为是早期地球内部不稳定，地壳又较脆，常常产生大裂痕，火山喷发频繁，岩浆漫延到这些裂缝中，造成了哥伦比亚大陆的分裂。强烈的分裂活动一直持续到距今12亿～13亿年前，哥伦比亚大陆停止分裂。分裂后的各陆块又在几亿年后形成了罗迪尼亚大陆。

对于哥伦比亚大陆的构成，众多学者各执一词。2002 年，地质学家罗杰斯等人提出哥伦比亚大陆具体情况是这样：非洲南部、马达加斯加、印度、澳洲大陆、南极洲与北美洲西缘连接；格陵兰、波罗地大陆、西伯利亚则和北美洲的北缘连接；而南美洲则是和非洲西部对接。同年中国地质学家赵国春等人提出另一种假说，认为波罗地大陆与西伯利亚大陆是和劳伦大陆相连；而南美洲是和非洲西部相连，类似罗杰斯等人提出的假设。至于印度、东南极和澳洲大陆则和劳伦大陆相连。

一些学者认为哥伦比亚大陆从北到南跨越 12900 千米，从东到西最宽处 4800 千米。今日印度东岸与北美洲西岸相连，而澳洲大陆南部与今日加拿大西部相连。南美洲因为旋转的关系，今日巴西的西缘和北美洲东部排在一起，形成了延伸至今日斯堪的纳维亚的大陆边缘。

古大陆板块

哥伦比亚大陆存在过于久远，一些学者对于该大陆是否存在提出了质疑。中国地质大学的张世红教授带领着他的团队提出了复原哥伦比亚大陆的方案，通过对前寒武纪全球古地磁、造山带、古海洋演化特征等的分析，结合实验的模拟的结果，使我们能够在十几亿年后仍然能一睹古伦比亚大陆的风采。在超级大陆研究领域，古地磁一直扮演着重要的角色，通过对古地磁的研究，能够获得超级大陆的形成和裂解的时间等相关信息。张世红教授首先对华北地区古地磁进行了研究，并建立了极移曲线，将其与其他古陆建立的极移曲线进行拟合，并将其古地磁与其他古陆的古地磁进行比较，从而论证了哥伦比亚超级大陆的存在。确认这一超级大陆存在后，之后的工作就是建立哥伦比亚大陆模型，研究其特点。

张世红教授认为，从古地磁和当时的造山运动来分析，在18亿年前，大陆开始聚在一起形成了哥伦比亚超大陆，根据极移曲线显示，该大陆可能存在了4亿年之久，其间虽然发生了大规模的岩浆喷发活动，地壳开裂，但是这一活动并没有造成哥伦比亚超大陆的裂解，大规模的盆地伸展运动仅发生在超大陆的内部，其程度还不足以使其裂解。裂谷和盆地活动多发生于赤道附近的低纬度地区，出现了红层沉积、叠层石礁、白云岩等大量堆积，为生命的诞生提供了适宜的环境。

对于这块古陆而言，中国的位置可能处于该大陆的中心位置。在英国科学家和中科院地质与地球物理研究所的研究人员发表的一份报告中提出，中国可能处于哥伦比亚超级大陆的中央。研究人员通过地质数据建立了哥伦比亚超大陆的模型，认为西伯利亚古陆、东欧古陆、北美古陆是哥伦比亚超大陆的核心，但是对于华北古陆，因为一直不能确定它的位置，所以一直没有将其列为其中。直到发现华北古岩石和西伯利亚的部分古岩石在一段相同的时期经历了相同的演化过程，才确定华北古陆是哥伦比亚超大陆的重要组成部分。后来地质学的证据表明，华北古陆与西伯利亚古陆相连，并且处于整个超大陆的中心位置。

寒武纪生命大爆发

地球上最早的生命形式很简单，仅仅是原始的单细胞生物，在以后的很长一段历史时期中，这种生物并没有得到很快进化，直到距今约5.3亿年前，进入了一个被称为寒武纪的地质历史时期。这段历史时期喷薄涌现各式各样的生命形式，节肢、腕足、蠕形、海绵、脊索动物等一系列与现代动物形态基本相同的动物集体出现了。这种突如其来的生命体齐聚的现象令科学家们困惑不已，将其列为国际学术界的"十大科学难题"之一，这场生命的大爆发称为"寒武爆发"。

寒武纪时期大约距今5.42亿年，到4.88亿年前结束，这段时期是古生代的第一个纪。全部地质时代分为两部分，寒武纪以前称为隐生宙，自寒武纪以后进入显生宙，它包括古生代、中生代和新生代。

为什么科学家会对此感到不可思议呢？因为寒武纪时期，天地茫茫一片荒芜，虽天高地阔，但还没有真正的陆生生物出现，所以整个大陆很是寂寥。科学家从陆上得到的化石也十分有限。但是如果来到海洋，就是一番别样的景象，这时带壳的无脊椎动物开始大量出现，这些动物的化石却不能在更古老的岩石层中发现。

英国著名的生物学家达尔文也注意到了寒武纪这段奇特的生命爆发时期，并对此感到很困惑。在他的《物种起源》中，认为所有的生命形式都是经过缓慢的进化才发展到现今看到的模样，但是寒武纪生命体的突然爆发令他百思不得其解，并且反对生命进化论的人正好用其当作武器来反驳达尔文的观点。不过达尔文相信，寒武纪突然出现的动物一定是演化自前寒武纪的动物，之所以会出现突然爆发的情况，很可能是前寒武纪的气候环境恶劣，一些动物化石随着老地层或沉没于海洋中，或消失在气候的变迁中，所以地层记录不完全。现在科学家也没有很好的科学解释。

在寒武纪时期，一种被称为"三叶虫"的生物是当时的主角，它们同恐龙一样，是一种灭绝的生物种类。不过，它们的知名度仅仅次于恐龙，是非常著名的化石动物。三叶虫通常在海底爬行，在泥沙中吸取养分。海底是昏暗的，三叶虫需要眼睛来探索道路，因此它们是有眼睛的，但是有些三叶虫的眼睛是看不见的，上天给了它一双"翅膀"，却不能用来飞翔。三叶虫的眼睛并没有能帮助它们找到更多的食物，还是在海底摸索爬行简单得多，于是后来，眼睛就渐渐退化了。

人们常说耳聪目明，其实当一项器官退化或者因为外力损伤时，上帝会为你打开另一扇门，另一种器官会得到进化、发展，所以我们常常会听到，失明的人耳朵会更灵敏。一些三叶虫虽然没有了眼睛，但是身体上的味觉、嗅觉器官更加发达，长长的触角，为它们探索新的道路。

除了三叶虫，还有一种鱼类生物，只有拇指般大小，但是在生命进化史上却有着举足轻重的地位，被认为是迄今为止发现的最古老的鱼类，也是最古老的脊椎动物，这种生物就是海口鱼。1984 年，我国考古工作者在云南省澄江县发现了古生物化石群——澄江动物群，其中代表性的就是海口鱼和昆明鱼。

海口鱼身体结构接近现存的七鳃鳗，好像一个纺锤，头部有 6 ～ 9 个鳃弓，躯干有分节，有明显的背鳍，背鳍指向头部，现今的鱼类中亦有少数是这样的。从化石上可以看出，海口鱼有明显的头部及躯体。在腹部有 13 个类似环状的构造，可能是生殖器、排泄器官或其他东西。

随着大陆板块的漂移，再加上亿万年历史的风吹雨打，现在还能看到原始的寒武纪地貌吗？在山东省济南市长清区张夏镇境内有一座外观像馒头一样的大山，当地老百姓习惯称此山为"馍馍山""满寿山"，有人觉得这样的名字未免有些老土，于是称它为"曼寿山"。然而这座大山远没有像它的名字一样简单。因为这座山是被联合国教科文组织命名的"世界第三地质名山"。

这座大山已经拥有约 5.5 亿年的历史，完好保存了寒武纪底部底砾岩和倒灌现象，且地层连续、化石丰富，许多国内外地质学家慕名前来。馒头山整体看上去与周围的群山并没有很大的区别，由于是石质山，山上杂草丛生，零零散散长着一些树木，在山腰处有一处一处岩层，乍看之下没有什么奇特，但是这块岩层却记录了 5 亿多年的地质变化。山上有一个小土丘，里面布满了碎石片。不要小看这些碎石片，说不定哪块就是三叶虫的化石。不错，这里就是三叶虫化石的聚集地，曾经的海洋一霸竟然在这里出现，你能想象这里曾经是一片海洋吗？

三叶虫化石又叫燕子石，也叫蝙蝠石。这种奇特的石头早在宋朝时期就有人开始把玩，到了明清也有相关的记载，这种石头被当作是富贵的象征，所以称为"多福石"或"鸿福石"。到了近代以后，地质科研人员开始注意到了这种石头，才不再是手中的玩物。经过一代又一代考古地质科研人员的努力探索，一个又一个三叶虫生物带被发掘了出来。

馒头山不仅地质丰富，传说还有着金矿。在当地流传着这样一个故事，说是在很久很久以前，在山的东侧有一个泉眼，泉水经年不断汩汩涌出，泉水清澈见底。一次，一个从南方来的修补铁锅铁盆的手艺人路过这里，在泉水旁休息，口渴了捧着泉水喝。临走时忽然发现水底有一层亮晶晶的沙石，他取了一些拿在手上细看，才发现是一粒粒金粒儿。手艺人十分激动，仔细看那泉眼，那金粒儿正不断涌出。他急忙将泉眼周围的金粒儿包了满满一包，转身就要离去。但是他又想，何不找一辆车来，将这些金粒儿全部挖走。但是这个泉眼可不能被别人发现，于是顺手在泉眼边拔了一棵草，用草堵住了泉眼。急忙去附近的镇找车去了。

过了几天，当他推着车子兴高采烈地来到这里时，突然发现那泉眼已经不流水了。那手艺人不甘心，挖了半日也没有挖得金粒儿，只好悻悻然走了。原来他用来堵泉眼的草是万年草，直到一万年以后，泉水才会重新流淌。

村民们发现馒头山还真是一块宝地，不仅有着丰富的寒武纪地貌大量的三叶虫化石，就连平时用来坐的石头也是宝贝。这宝贝名为"木鱼石"，据考证，它形成于距今 5.8 亿～5.5 亿年之间，是一种珍贵的玉石石材，含 20 多种有益人体健康的微量元素和矿物质，难怪这

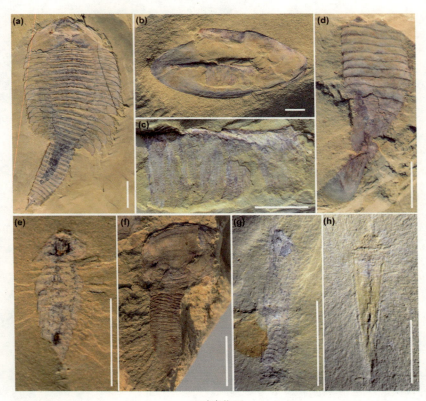

三叶虫化石

里的居民身体十分健康，能长命百岁。这木鱼石可以制作成各种器皿，还能制成各类艺术品。

　　为了保护这座宝山，馒头山已经被列入山东省级地质自然遗迹保护区。当地政府还制作了宣传牌，建立了许多石柱，并成立了相关的巡护队。为了能够将馒头山的地质地貌充分展示出来，当地政府经过反复论证和研究，决定建立以馒头山为核心的馒头山地质公园，目前建设工作正在进行中，相信不久之后，馒头山将以全新的面貌出现在世人的面前，经历了漫长岁月的地质地貌、化石文物，会吸引更多的地质爱好者前往。

罗迪尼亚超级大陆形成与分裂

继哥伦比亚大陆分解后，数亿年过后，又一个超级大陆——罗迪尼亚开始形成，"罗迪尼亚"一词是 1990 年引入地学领域的，许多著名的前寒武纪地质学家，对罗迪尼亚超大陆的古地理再造做了大量的探索性研究，提出了新的超大陆模型，称之为罗迪尼亚超大陆。

大约在 11 亿年前，古老的陆块漂移拼合在一起，形成了庞大的罗迪尼亚泛大陆。又经过了几亿年，到前寒武纪的晚期，罗迪尼亚泛大陆开始分裂，散布在南半球的陆块陆续聚合成另一个大陆——冈瓦纳古陆。它由南极大陆、非洲、南美洲、印度次大陆等单元构成。另一半为劳亚古陆，这是由加拿大地盾、格陵兰地盾、波罗的海地盾（包括科拉半岛）和西伯利亚地台（俄罗斯地台）组成的。它隔着地中海（特提斯海）与冈瓦纳古陆遥遥相望。在分成两半的罗迪尼亚大陆之间是第三大陆，即刚果地盾，后来分离出的两部分又相互碰撞在一起，在中间的刚果地盾受到挤压，逐渐形成了新的超级大陆——潘诺西亚大陆。

潘诺西亚大陆是个理论上的史前超大陆，在 1997 年提出。潘诺西亚大陆形成于 6 亿年前，存在的时间很短，5.4 亿年前的前寒武纪末期开始分裂，潘诺西亚大陆大部分位于极区之内，所以这个时代有大面积的冰河覆盖。潘诺西亚大陆的形状类似"V"字形，开口往东北。开口内侧为泛大洋，海底有中洋脊，是今日太平洋的前身。潘诺西亚大陆的外侧环绕着泛非洋。

前寒武纪晚期的地球气候是非常寒冷的。整个世界被严寒侵蚀，科学家们对于严寒气候分布如此广泛感到不解。一些学者指出之所以出现那样的情况，是因为地球的自转轴倾斜了，地球的北极一侧向着太阳，而南极一侧陷于黑暗、陷于寒冷，这样一年当中，地球的一半会受到长达 6 个月的太阳的灼烧，另一半同时会被严寒侵袭，地球呈两种极端对立的气候。所以即使是生命力强的生物也难以活下去，这对物种的进化显然是不利的，所以在这一时期内，发现的生物的化石种类不是很多，远不及寒武纪时期的大爆发那样。不过并没有哪种科学机制来证明地球的自转轴可以倾斜到如此夸张的地步，所以这种说法太过牵强了，遭到了很多人的反对。也有些人根据对土星和海王星的探索，提出了别样的见解。土星和海王星的表面为环状地貌，这些缠绕在星球上的环会在太阳的照射下形成阴影。根据这一现象，这些学者认为当时的地球也是这种情况，被由岩石或冰组成的"环"所围绕，阴影的地方气候变得异常寒冷。但是这一设想也很难成立，因为在地球的表面并没有留下这种"环"的痕迹。

还有一种观点是在大陆漂移学学说的基础上提出的，认为随着超级大陆的不断重组与分离，一些大陆漂移至南极或者北极附近，这样很多地方都进入到异常寒冷的一段时期，但是在赤道附近的澳洲却发现了冰的遗迹，这似乎是宣告了这一观点不成立，但是会不会是个例外就不得而知了。

潘诺西亚大陆在古生代的时候开始分裂成四个大陆：劳伦大陆、波罗地大陆、西伯利亚大陆、冈瓦纳大陆，这时一个新的海洋——巨神海开始在这几个大陆之间不断扩张。这几个大陆中要数冈瓦纳大陆最大，范围从赤道延伸到南极。

经过寒武纪的生命物种大爆发后，来到了奥陶纪时期。奥陶纪是古生代的第二个纪，结束于约 4.4 亿年前。奥陶纪是大陆地区遭海侵最广泛的时期之一，火山活动和地壳运动也较为激烈，海生无脊椎动物真正达到繁盛。

奥陶纪早期、中期气候还是比较温暖的，世界上许多地区都被浅海海水掩盖，在这些浅海海域中，海生生物得到空前发展。三叶虫是自寒武纪时期海洋中就普遍存在的一种节肢生物，到了奥陶纪，各式各样生物的出现给三叶虫造成了不小的生存压力，所以这一时期三叶虫的种类没有寒武纪时期多，但是数量依然很庞大，这些三叶虫会定期地脱去外壳，这些外壳落入古海底被掩埋，经过亿万年后，随着地壳运动，重见天日。在俄罗斯、摩洛哥、美国以及我国等地，都发现了大量三叶虫化石。这些

鹦鹉螺

三叶虫化石十分有趣，有的三叶虫的眼睛长在长柄上，这样它们能够将身子掩埋在泥沙中，静静等待食物的来临。这样伪装的行为实在是出于无奈，有颌的鱼类是三叶虫的主要敌人，在发现的三叶虫化石中发现有被咬的痕迹，这些痕迹很可能来自有颌鱼类。虽然竞争激烈，又有捕食者的猎杀，但是这种生命力强大的生物还是生存到 2.51 亿年前。

在奥陶纪早期，先是出现了陆生脊椎动物无颌鱼类。这类鱼和现在的鱼有很大的不同，最明显的特点是没有上下颌骨，所以口不能有效地张合，这就为吃食带来了困难，只能靠吮吸或者水的流动，将食物送到嘴里，想想这样的吃食会多么痛苦，不过幸好鱼类并没有更加丰富的感情，只能睁着它们那水汪汪的大眼睛，心里流着泪。

在奥陶纪存在一种很奇特的海洋生物叫笔石，这是一种微小的蠕虫状生物，身长只有 5 厘米左右。它们有着庞大的家族，分布广泛，经常倾巢出动，浮在海面，吃一些浮游生物，这点和鲸类很像。

在众多古生物化石中，一般的海洋生物起码也有几厘米吧，但是有过一种化石，在显微镜下才能够看见，它们就是牙形石。牙形

石形状千变万化，有的像细长的圆锥，有的像树叶，有的像带尖的耙子或梳子，有的像锯齿状的小棒。科学家被这种形状各异的牙形石迷住了，它们到底是一种微小生物的壳还是一种动物牙齿呢，或者是一类鱼、蠕虫什么的？在猜测了100多年后，有些幸运的科学家终于在有生之年寻求到了答案。1995年，科学家通过对来自苏格兰和南非的一种没有骨骼和上下颌的鱼形动物化石的分析，发现牙形石其实是这种鱼类用来挖或咬的武器，这种长着凸出的大眼睛的小鱼看似人畜无害，其实在它们体头的底部有许多种牙形石，是它们赖以生存的武器。

鹦鹉螺是海洋中一类身体巨大的凶猛的肉食性动物，体长可达1米以上，这类生物对三叶虫造成了很大威胁。三叶虫为了防御，开始进化，在胸、尾长出许多针刺，以避免食肉动物的袭击或吞食。

珊瑚和古老的海星在奥陶纪时期开始大量出现，珊瑚虽说还较原始，但已能够形成小型的礁体。头足类生物开始大量繁殖。具有石灰质或角质外壳的微小动物苔藓虫在海底岩石或贝壳上快乐地生活着。

到奥陶纪结束时，气候进入了地球上最寒冷的时期之一，冰雪覆盖了整个冈瓦纳大陆的南半部。冰原的厚度可以达到3千米，世界各大洋开始冻结，导致生活在赤道附近暖水种的生物大量灭绝。在古生代的中叶（大约4亿年前），巨神海的闭合使劳伦西亚与波罗地大陆发生了碰撞，使得巨神海的北面分支被关闭，并形成了老红砂岩大陆。珊瑚礁四处扩张，陆生植物则开始往荒芜的大陆移民。这次的大陆碰撞中，许多地方都出现了大陆边缘岛弧的上覆运动，导致了斯堪的纳维亚半岛上的加里东山脉形成，以及大不列颠北部、格陵兰和北美东部海岸的北阿巴拉契亚山脉都在同时形成。

盘古大陆的形成与分裂

在潘诺西亚大陆分裂后，直到 2.5 亿年前，分离出去的几大块又一次聚合在一起，形成了盘古大陆。盘古大陆是假想的原始大陆，也叫泛古陆。源出希腊语 pangaia，意为整个陆地。1912 年，德国科学家魏格纳提出了大陆漂移的假说，并且提出了盘古大陆的构想。经过数十年的论证，人们得出了结论：大陆的确是漂移的。

石炭纪是古生代的第 5 个纪，距今 2.95 亿~ 3.55 亿年。石炭纪早期，分离的大陆开始逐渐又聚合到一起，位于欧美大陆及冈瓦那大陆之间的古生代海洋开始闭合，两大陆冲撞形成了阿帕拉契山脉和维利斯堪山脉。与此同时，世界各地都在发生着变化，南极开始形成冰帽，赤道地区气候温暖开始形成煤的沼泽。陆地上出现了大规模的森林，给煤的形成创造了有利条件，同时也是陆上生物的栖息场所。

石炭纪末期，由北美及北欧所组成的大陆与南方的冈瓦纳大陆发生了碰撞，形成了盘古大陆的西半部。此时的南半球被冰雪覆盖。到了古生代末期，很多在潘诺西亚超大陆分裂时形成的海洋，也随着后来大陆与大陆之间的碰撞，逐渐消失。以赤道为中心，盘古大陆从南极延伸至北极，并将古地中海与古太平洋分隔在东、西两侧。

在石炭纪末期到早二叠纪的期间，盘古大陆的南部依旧被冰河所覆盖。在二叠纪中叶，盘古大陆中央山脉往北移动到北美及北欧内部的干燥气候区，变成类似沙漠的天气。持续抬升的山脉则阻挡了赤道风带吹送而来的水汽。在二叠纪时期，巨大的沙漠覆盖了盘古大陆的西半部，同时爬虫类分布整个超大陆的表面。但是在古生代结束的时候，地球上 99% 的生命都遭受到了灭绝事件的劫难。

大约在三叠纪时期组合而成盘古大陆，使得陆地上的动物得以从

南极迁徙到北极。生命在经过二叠纪、三叠纪的大灭绝之后，重新开始多样、丰富起来。同时暖水种生物的分布则横越了整个古地中海。

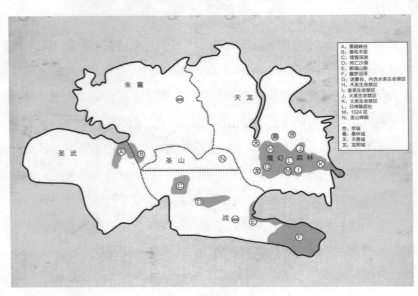

盘古大陆

　　盘古大陆的分裂分为三个阶段。第一阶段在侏罗世中叶（大约距今 1.8 亿年前），张裂活动开始进行。北美东岸、非洲西北岸和大西洋中央的岩浆活动频繁，北美向西北方移动。南美与北美互相远离的同时，墨西哥湾开始形成。就在同一个时刻，位于另一边的非洲，在东非、南极和马达加斯加边界的火山喷发，预示了西印度洋的形成。

　　在中生代时期，北美和欧亚大陆是同一块大陆，即劳伦西亚。当中央大西洋开始张裂，劳伦西亚大陆顺时针旋转，把北美洲往北方推送，欧亚大陆则向南移动。侏罗纪早期，在东亚大量出现的煤炭已不复见，由于亚洲大陆潮湿的气候带移往副热带的干燥区，因此取而代之的是晚侏罗纪时期沙漠及盐的沉积。劳伦西亚大陆这种顺时针的运动，导致了当初将它从冈瓦纳大陆分离开来的 V 形古地中海开始闭合。

侏罗纪早期，东南亚聚合而成。一片宽广的古地中海将北方的大陆与冈瓦那大陆分隔两处。虽然此时盘古大陆仍是原封不动的，分裂的活动已经悄然展开。盘古大陆在侏罗世中期开始分裂，到了侏罗纪末期，中央大西洋已经张裂成狭窄的海洋，把北美与北美东部分隔开来。冈瓦纳大陆分裂为东、西两部分。在白垩纪时期，南大西洋张开。印度从马达加斯加分离开来，并加速向北，往欧亚大陆碰撞的地点前进。值得注意的是，北美洲与欧洲此时仍然相连，而且澳洲大陆此时也还属于南极洲 1.4 亿年前。

冈瓦纳大陆不断地变得破碎，包括南大西洋的张裂，隔开了南美和非洲，以及印度和马达加斯加一起从南极洲漂移开来；还有发生在澳洲西缘的东印度洋张裂等。此时的南大西洋并没有立刻打开，而是像拉开拉链一般地由南向北渐渐张开。这也是为什么南大西洋比较宽的原因。

白垩纪时期全球的气候与侏罗纪、三叠纪时期类似，比今天要温暖许多。恐龙与棕榈树可以出现在今天的北极圈、南极以及澳洲南部地区。虽然早白垩纪时期的极区可能会有一些冰帽存在，但是整个中生代都没有任何大规模的冰帽出现过。白垩纪时期这样温和的天气状况，部分是因为浅海覆盖了大部分的陆地所致。温暖的海水从赤道地区可以被往北输送，为极区带来温暖。这些浅海同时也使得部分地区的气候变得温和，就像今天的地中海可以改善欧洲的气候一样有用。

白垩纪同时也是海盆迅速张裂的时期，由于它们宽阔的外形和迅速扩张的中洋脊取代更多的海水，因此在海床迅速扩张的时期，海水面会趋于上升。彗星撞击，结果导致全球气候的变迁，杀死了恐龙以及其他许多形式的生命。海洋在白垩纪晚期变得更为宽阔，而印度也越来越接近亚洲的南缘。

在 5000 万 ~ 5500 万年前，印度开始撞上亚洲大陆，形成了青藏高原和喜马拉雅山。原本与南极大陆相连的澳洲陆地，也在此时开始迅速向北漂移。盘古大陆分裂的第三个阶段，也是最后一个阶段，在新生代早期开始发生。北美与格陵兰从欧洲漂移开来，南极大陆释放出澳洲陆块，正如同 5000 万年前释放出的印度板块，后来迅速向北移动并撞上亚洲的东南位置。今天大部分的张裂活动，都是发生在 2000 万年前，包括有：红海的张裂使阿拉伯半岛自非洲漂移开来，东非张裂的产生，日本海的张裂，让日本往东移动进入太平洋，以及加利福尼亚湾的开启，使得墨西哥北部及加州一起往北运动。

魏格纳和大陆漂移说

正如达尔文和他的生物进化论一样，在地质学界也有一种理论的存在被人们普遍所接受，那就是德国著名科学家魏格纳提出的大陆漂移说。魏格纳经过几十年，力排众议，对关于今天海陆的形成提出了与众不同的见解。在他的《大陆和海洋的形成》一书中，魏格纳努力去解释关于海陆地质的一切。但是在他有生之年，他的学说遭到了当时一些正统地质学家的反对，直到学说提出 30 多年后，人们才开始注意到这位杰出的科学家为地球历史留下了多么宝贵的财富。

19 世纪末的德国人才辈出。那是 1880 年 11 月 1 日的一天，德国柏林的一所孤儿院里寒风肆虐，我们的主人公阿尔弗雷德·洛萨尔·魏格纳出生了。不要担心，魏格纳并不是一个孤儿，他的父亲是这家孤儿院的院长。出生在冬天的魏格纳注定要与寒冷打一辈子交道，小时候的魏格纳身体羸弱，也没有什么让人觉得与众不同的地方，他和其他的孩子一样，过着有点烦恼但也快乐的童年生活。魏格纳的数学不是很好，他曾这样说过："数学与我无缘。"事实也是这样，我们的主人公在大学中的成绩并不突出，数学更是有点糟糕。但是正如我们想到的那样，作为一名科学家必定要有坚忍不拔的毅力，坚持自己的事业。魏格纳在很小的时候就逐渐开始了这种意志力的锻炼。

同其他的孩子一样，小时候的魏格纳对探险很感兴趣，并且在别的孩子过了这个年龄，放下虚无缥缈的幻想后，魏格纳还坚持着自己的梦想，即长大后到北极去探险。当他知道北极恶劣的生存环境后，决定锻炼自己的身体。寒冷的冬天来了，魏格纳不再躲在屋子里不出去，而是冒着严寒，顶着雪花出去滑雪，他可不想将来到北极考察时被冰雪所击倒。到了夏天，虽说寒冷的北极根本不会出现艳阳高照、"春风又绿江南岸"的情况，但是魏格纳还是顶着炎炎烈日出去爬山。长期的锻炼不仅使他有了强健的体格，而且也锻炼了他的意志，而这都是一名准备出去探险的科学工作者必备的条件。

当我们在想要做一件事情，或是向一个更高的目标进发时，我们经常会在之前做一些准备工作。魏格纳在立下要到北极探险的目标后，除了让身体能够适应北极的气候，魏格纳还在大学中专门学习了气象学，并且于1905年取得了气象学博士学位。他和弟弟还参加了探测高空气球比赛，持续飞行了52小时，打破了当时的世界纪录。随后他开始了对格陵兰岛的探险计划。望着岛上巨大的冰川，魏格纳在对大自然产生敬畏的同时，对这些冰川的产生和移动充满了好奇。

经过了几年探索后，魏格纳越发对格陵兰岛产生了巨大的兴趣。但是长年累月的探索也为他带了病痛的折磨。1910年，魏格纳得了一场大病，很长一段时间内都没有能够出去看看他那深切渴望的格陵兰。魏格纳只能在家中墙上的世界地图上看一看那魂牵梦绕的地方。一天，当他对着再也熟悉不过的世界地图进行"赏析"时，发现了一个奇特的现象：大西洋两岸的轮廓竟是如此的相互对应，欧洲和非洲的西海岸凸起的地方正好和北南美洲东海岸凹进去的地方相吻合。在细看之下发现，巴西东端的直角凸出部分与非洲西岸直角凹进的几内亚湾，仿佛是一张被剪开的可以拼接的纸板；再向南看去，巴西海岸的每个凸出部分，都可以与非洲西岸同样形状的凹形海湾对应，而巴西海岸每有一个凹形海湾，非洲西海岸就有一个相应的凸出部分，特别是南美洲圣罗克角附近巴西海岸的凸出部分与喀麦隆附近非洲海岸线的凹进部分竟完全吻合……这是巧合吗？还是原本这些地方就是一个整体，后来由于某种原因分隔了开来？魏格纳被自己的想法震惊到了，他完全忘记了病痛的折磨，为自己产生的想法兴奋不已。

格陵兰岛

躺在病榻上的魏格纳集合自己的经验，做了这样一番假设：在距今约3亿年前，地球上只有一个大陆泛大陆，泛大陆被海洋紧紧地包围。经过了1亿多年的发展后，这块大陆开始分解，地上巨大的裂缝被海水填满，陆块向相反的方向移动，渐渐地，一个又一个新的海洋产生，逐渐形成了今天的海陆分布。魏格纳赶紧把自己的发现跟自己的一位老师，德国著名气象学家柯彭教授说了，但是柯彭教授却说："大陆漂移的看法早就有人提出过，但它无法动摇海陆固定说。你应放弃不切合实际的想法，把精力集中在气象学研究上……"魏格纳被泼了一盆冷水，但是更加坚定了自己内心的想法，要将这件事情解释明白。

　　病好后，魏格纳就积极投身到找证据的工作中。他分别对大西洋两岸的山脉进行了考察。他发现两岸的岩石、地层结构都十分相似，岩层的成分与年龄也一样。在美国东海岸有一种蚯蚓，而在西欧也有这种蚯蚓。在大西洋两岸还发现了一种庭院蜗牛。南美、非洲和澳大利亚发现了同样的肺鱼、鸵鸟，还有许多同类动物的化石。这些发现更加坚定了自己的想法，在广泛地总结了古生物学、地质学、古气候学等方面的知识后，1912年1月6日，魏格纳在法兰克福的地质学会上，作了题为《论地壳轮廓（大陆和海洋）的形成》的报告，提出了大陆漂移学说。后来他将讲稿整理成论文，发表在了一些著名的杂志上。1915年魏格纳将这些想法整理成书，于是就有了《大陆和海洋的形成》一书。

　　在魏格纳提出大陆漂移说后，立马像一颗威力巨大的炸弹在科学界爆炸开来。他的学说遭到了当时占据统治地位的"海陆固定说"学者的反对。这些人认为，海陆的位置一直是这样的，也就是说在地球诞生后，海陆分布的面貌一直没有多大改变，只是有偶尔的垂直升降运动，但是绝对不会发生水平运动。新诞生的大陆漂移理论自身也有缺陷，由于科学技术条件有限，魏格纳在解释推动大陆漂移的力量时，认为是潮汐和地球自转提供的，但是经过科学论证，这些影响微乎其微。魏格纳还认为，早先海底平坦的条件为大陆漂移提供了很好的契机。但是当人们能够一探海底的面貌后发现，海底像陆地一样山峰屹立、沟壑纵横。由于这些问题，反对者以此来攻击大陆漂移学说。甚至一些极端的学者对魏格纳进行了人身攻击，说他是个天才的诗人，做着"大诗人的梦"。对于他的学说，人们称为"魏格纳狂想曲"。大量的期刊和杂志也发表了一系列讽刺意味的文章。

魏格纳对这种毫无意义的指责置之一笑，继续进行着自己的研究。他又两次到了格陵兰进行考察。他发现这个庞大的岛屿正在以每年约1米的速度漂移。1930年，他率领着自己的考察队迎着风雪，在酷寒的环境下作业，但是由于天气实在太冷了，很多人多打了退堂鼓，并且退出了考察队。魏格纳仍然坚持着自己的探索。11月1日，在庆祝了自己的50岁生日后，他在返回西海岸基地的途中被淹没在了茫茫白雪中。直到第二年4月，人们才找到了他的尸体。魏格纳逝世后，他的学说也开始销声匿迹。直到20世纪50年代，大量事实都为大陆漂移说提供了更多的证据，人们才开始意识到大陆漂移说并不是一个疯狂的幻想。后来更多的学者投身到该学说的研究中来，大陆漂移说终于逐渐被科学界所认同。

哈雷·赫斯和他的海底扩张说

在大陆漂移说之后，另一个极具历史意义的学说恐怕非海底扩张说莫属了。在大陆漂移说沉寂了30多年后，到20世纪60年代，随着对海洋的不断探索，人们寻找越来越多的证据来证明大陆漂移说。哈雷·赫斯是一位优秀的海洋地质学家，他提出了海底扩张说，对大陆漂移说给予了极大的肯定。

1906 年 5 月 24 日，纽约市已经是春光明媚，伴随着一阵阵沁人心脾的花香，哈雷·赫斯出生了。赫斯从小就喜欢探索未知事物，对于新鲜事物有着卓越的敏感度。当他在耶鲁大学主修电子工程时，他疯狂地迷上了地质学，于是在学习了两年后，毅然转专业改修地质学。在毕业后，他积极投身到地质学的研究工作中。地质工作将他带到了很远的地方，他见过波澜壮阔的大海、清澈见底的小溪，也领略过崇山峻岭的风采。秉持着对工作的热爱和对新鲜事物探索的渴望，多年以后，他成了一位名副其实的地质学家。

当第二次世界大战爆发后，赫斯决定报效祖国，于是便应征入伍，在一艘美国军舰"开普·约翰逊"号上担任指挥官。在服役期间，赫斯的主要任务是在东太平洋上巡航，并且有时会运送一些士兵。这项工作其实远没有想象的那么严峻与艰难，终日在大海上行驶，即使是一只动物也会厌倦了这海天一色的单调。赫斯从一位教授变为了军人，虽然对于军人的信仰使得他愿意奔波在浩渺的大海上，但是这样枯燥无味的生活真是有点糟糕。他想起了自己之前从事的工作，不禁萌发了对海底探索的兴趣。当时的军舰上安装了十分先进的声呐设备，于是赫斯在运送士兵、巡航的同时对海底开始了探索。

从反射回来的数据上来看，海底一些奇特的构造引起了赫斯的注意：在太平洋海底，并不是一片平坦，而是有一座座拔地而起的山峰矗立在海底。这些山峰又与陆上的山峰不同，峰顶呈平形，就像是被人用一把锋利的大刀削过了一样。赫斯将这一奇特的海底地形记录了下来。等到战争结束后，赫斯又回到了之前的大学任教，他将这些山命名为"盖约特"，盖约特是他的一位师长，在地质学上对赫斯有着很深的影响。"盖约特"其实就是后来人们统称的"海底平顶山"。

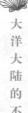

海底探索

这些平顶山除了顶部平坦外还有一些其他的特点，山的底部较为平缓，阶梯状的地形一直绵延到很远的地方。这些平顶山有的仅距海平面100多米，有的甚至在距海平面约为2500米的地方，不过一般的平顶山都在海面以下1000～2000米之间，而且在太平洋分布广泛。

经过对这些平顶山的考察与分析，对于平顶山的成因，赫斯解释说，这些平顶山的前身曾经是火山岛，日夜受海水的侵蚀，若是火山岛上的火山变成一座座死火山，这样的侵蚀作用会一直持续下去，后来终于被磨平了棱角，山头也被砍了去，形成今天看到的平顶山。

海底平顶山的发现使得赫斯兴奋不已，更加紧了对海洋底部构造的探索，当大洋中脊被发现后，赫斯又发现了一个令人不解的现象。他发现同样特征的海底平顶山，离大洋中脊近的较为年轻，山顶离海面较近；离大洋中脊远的，地质年代较久远，山顶离海面较远（深）。根据这一现象，结合了自己多年的经验，1959年赫斯在给美国海军研究办公室的一份报告中首次提出了海底扩张的思想，但是他当时并没有使用"海底扩张"一词。1960年，海底扩张说在一些出版物上开始出现。1962年，为纪念著名的岩石学家布丁顿，恩格尔要主编一本《岩石学研究》的书籍，布丁顿是赫斯的老朋友了，恩格尔邀请赫斯为其写一篇文章，赫斯写下了题为"洋盆的历史"的一篇文章。在文章中他这样说，大洋中脊的发现无疑使得人们更加了解海洋的结构，但是人们对于大洋中脊的产生却不能够做出解释，其实大洋中脊并非那么神秘，这只是由于地幔的对流运动，地球深处的熔融岩浆从一些裂缝中喷薄而出，待冷却凝固后便形成了大洋中脊。地幔的下降流在大洋的边缘造成巨大的海沟。洋壳在大洋中脊处生成之后，向其两侧产生对称漂离，然后在海沟处消亡。在这里，陆地作为一个特殊的角色，被动地由海底传送带拖运着，因其密度较小，而不会潜入地幔。所以，陆地将永远停留在地球表面。并且赫斯认为，现在的大西洋正在扩张，而太平洋正在缩小。后来威尔逊旋回便是在海底扩张说的基础上进行发展的。对于海底扩张说，在这片文章中，并没有大肆去阐述这种新发现，而是和老朋友聊天一样，在述说着海洋的历史。这篇论文被人们称为"地球的诗篇"。

美国海军电子实验室的一名科学家——罗伯特·迪兹也是海底扩张说的提出者。20世纪50年代，迪兹就参加过海军的海洋探险，并且同赫斯一样，发现了平顶山的存在，因此也得出了相似的结论。1961年迪兹在《自然》杂志上发表了海底扩张说的论文。早在一年前，赫斯就发表过，不过那都不是正式发表。所以两人对海底扩张说的贡献不分先后，又因为两人的工作都是独立进行研究的，所以人们将他们两人称为海底扩张说的创立者。海底扩张说能够解释一些大陆漂移说不能够解释的现象，也为大陆漂移说提供了充实的理论依据。大陆漂移说又一次流行了起来。但是由于迪兹并不是一名地质学家，因此在后续的研究工作中会经常出现一些问题，所以他的研究工作也很难继续深入。而赫斯对后续海底扩张说的研究工作进展得很顺利。1969

原/始/海/洋

Primitive Ocean

年8月25日，赫斯还被邀请去参加美国科学院空间科学局的一次会议，但是在会议的过程中却突发心脏病，因抢救无效不治身亡。仅仅在半年以后，人们对南大西洋的海底探索为海底扩张说提供了现实依据，而这一切，赫斯已经看不到了。

最终成形：板块构造说

海底扩张说的提出进一步为大陆漂移说提供了证据，随着科技的发展，科学家们开始借助计算机将现在的各大陆板块拼接在了一起，从而充分证实了两个学说的成立，并且人们根据海底的地形、火山活跃部位等特点，结合了以上两种学说，提出了板块构造说。

魏格纳早在1915年出的著作《大陆和海洋的形成》一书中提出了大陆漂移说，但是一直受到所谓正统地质学派的排斥，并没有赢得当时人们的掌声。到20世纪60年代随着海底扩张说的提出，

水下机器人

大陆漂移说才开始重新散发出生机，并得到古地磁学、地球年代学以及海洋地质学和地球物理等方面一系列新证据的支持。板块构造理论也开始产生。板块构造说能够解释更多的海陆现象。例如："环太平洋带"为何是一个不平静的地带，地震、火山活动频繁；为何会形成喜马拉雅山脉和青藏高原；大陆与大陆间的冲突带，大褶皱

山脉又是如何产生的。

从 20 世纪 70 年代开始，人们又掀起一轮新的找证据的高潮，不过这一回的主角变为了板块构造学说。科学技术的进步使得人们能够上天入海。在天上，可以借助卫星观测，可以看出每一年板块的运动，哪怕是移动了短短的一小段距离也逃不过机器的眼睛。在海中，人们利用水下机器人对海底进行探测，海底的地貌已经清晰地展现在了人们的眼前，发现了一些极深的海域，人们已经能够前往世界上任何一处地方进行探索。

1968 年，剑桥大学的麦肯齐和派克、普林斯顿大学的摩根和法国地质学家勒皮雄等人联合提出的一种新的大陆漂移说——板块构造学说，它是海底扩张学说的具体引申。板块构造，又叫全球大地构造。板块指岩石圈板块，包括整个地壳和上地幔顶部，即地壳和软流圈以上的地幔顶部。板块构造学说认为岩石圈的构造单元是板块，板块的边界是大洋中脊、转换断层、俯冲带和地缝合线。由于地幔的对流，板块在大洋中脊分离、扩大，在俯冲带和地缝合线处下冲、消失。

可以说，板块构造学说是大陆漂移说和海底扩张说的拓展和延伸。在结合了大量的海洋地质、地球物理、海底地貌等资料，经过综合分析后才提出了板块构造学说。对于三者，有人认为它们是地球大地构造的历史的重现，因此将它们称为全球大地构造理论发展的三部曲。这个学说认为地球的岩石圈不是整体一块，而是被划分为太平洋板块、亚欧板块、美洲板块、非洲板块、印度洋板块和南极板块六大板块。还有一些比较小的板块，如可可板块、智利板块等。这些板块中，除了太平洋板块完全是海洋外，其他的板块都是由陆地和海洋组成的。这些板块在地球几十亿年的发展中不断变化，往往分分合合，做着产生、生长、消亡的循环往复的过程，就像人的生命一样。不过这种生长过程不像人的生命过程那样充满了变数，是可以预测的。

这些板块内部的地壳还是比较稳定的，除了在地球刚产生的那些年，像个刚出生的孩子一样极不稳定外，历经几十亿年的发展，地球已经安静了下来。但是在板块与板块之间的地带，还是蠢蠢欲动的，不时搞个小动作，两个板块分裂开来，旁边的海水伺机入侵，形成了海洋和裂谷。如著名的东非大裂谷就是这样产生的。也有大陆板块与大陆板块的碰撞，地面隆起，形成了山脉。当大陆板块和大洋板块相撞时又是一番别样的情景：大洋板块因为密度较大，而大陆板块较轻，所以两者相撞往往不会擦出更为激烈的火花，而是大洋板块斜插到大陆板块的底部，形成海沟，这也是海底最深的地方。大陆板块被撞击不敢硬碰硬，只好匆忙上升，隆起成岛弧和海岸山脉。在太平洋一些海域有着很深的海沟，已知探测的最大深度已经达到了 10911 米。还有太平洋西部的岛弧链，都是太平洋板块与亚欧板块相撞形成的。

板块构造理论已被用来解释很多地理现象，如火山、地震的形成和分布。自此魏格纳首先发现的大西洋两岸相似轮廓的问题得到了更好的解释。人们终于弄明白了为什么会在非洲与南美洲同时发现相同的古生物化石及血缘相近的现代生物。在非洲、南极洲、澳洲发现的相同的冰碛物也可以用板块构造学说来解释。

板块构造学说不仅用来解释地球板块的演化问题，还用来解释太阳系外发现的巨大类地行星——"超级地球"的地质结构。在人们的潜意识中，板块构造学是为地球而生的，板块运动造成了地球上地震、火山等的产生，这些活动往往会来灾难性的后果。可以说板块运动就是地球的地质历史。起初人们认为，地球是人们所知道的唯一一个适合板块构造学说的行星。然而，哈佛大学的一位行星科学家黛安娜·巴伦西亚和她的同事却不这么认为，她们在《天体物理学》杂志上发表了一篇论文。论文中称：在太阳系中也可能存在处于"可居住区域"的"超级地球"，这些星球的质量要比地球的质量大，也有液态水的存在，所以可能会有生命存在。而板块构造是提供维持这些星球上生命的必要条件之一。通过全面模拟这些具有大片陆地的超级地球的内部结构，"超级地球"的质量比地球大，所以板块运动的驱动力也要比地球大得多。因此科学家们称，板块构造学说特别适用于更大质量的超级地球。巴伦西亚说："人们的研究证明，'超级地球'存在板块构造运动，即使这些行星上没有水存在。"将来人们可以通过行星测探来揭开这些超级星球的真实面貌。

虽然板块构造学说已经能够解释很多地理现象，但是仍然有许多不足。板块构造学中基本的元素是海洋和大洋壳。通过检测，大洋壳上沉积物的年龄均不超过 2 亿年，反观大陆壳的岩石年龄竟然可高达30 多亿年，有的甚至超过了 40 亿年，已经快要接近地球诞生的年限了。由于地壳的不断运动、岩浆活动的侵蚀作用，使得板块内部及大陆地质历史演化的过程很是复杂，如果仅仅用板块构造学说来解释，很难解释得清楚。特别是关于板块驱动力的问题，历来没有统一的见解，板块构造学说也不能提供确切的解释。还有一些难于解释的矛盾现象，更是难圆其说，如已知大洋中脊是地幔物质上升形成新洋壳的场所，海沟和岛弧是洋壳俯冲消融的地方，但在东太平洋北部发现两种情况却在一个地方同时存在。又如，陆壳厚度很大，可达数十千米，褶皱变形非常复杂，而洋壳厚度很小，却不曾褶皱，这样的现象也是不容易讲清楚的。总之还需要更强的理论来解释地球地质构造的演变过程。

未来的超级盘古大陆

自从大陆板块漂移学说诞生以来，人们都知道了在 2 亿多年前形成了一个超级大陆——盘古大陆，随着大陆板块的碰撞、分离，经历沧海桑田，形成了今天的七大洲四大洋，聪明的你是否也好奇，在亿万年后，今天的世界地理格局会变成什么样呢？

当然好奇的不仅是我们，还有那些致力于研究板块变化的地质学家们。随着以全球卫星定位系统为代表的科技手段的发展，地质学家们不仅能够挖掘过去，还能窥探未来。地质学家已经绘制出了从过去2亿多年到未来2亿多年间地球外貌变化的模拟图。这些模拟图告诉我们，在2亿年后，七大洲将会重逢，组成一个新的大洋，环绕在一个超级大陆旁。

克里斯多弗·斯科特斯是美国得克萨斯大学的一名地质学家，他通过运用电脑技术成功模拟出了从过去到未来地球外貌变迁的详细模拟图，并提出了一个推断：在2亿年后，所有的大陆会重新聚在一起，就像几亿年前，甚至十几亿年前那些超级大陆形成一样，会形成一个超级大陆，斯科特斯将它命名为"究极盘古"。其实究极盘古与之前的超级大陆还是有点不一样，虽然也是整块的大陆拼接在一起，但是拼接的时候出现了漏洞，中间留出一个印度洋，所以这个新大陆看上去更像是一个巨大的油炸甜甜圈。起初斯科特斯想将它命名为"甜甜圈海"，但是这个名字实在是有点怪异，而且新的大陆看上去并非那么可口。当时斯科特斯的一位朋友给它取了个更酷的名字——"究极盘古"，究极就是最后一个的意思，但我们知道这个"究极盘古"也绝不会是地球上最后一个盘古大陆，从几十亿年的地球历史规律来看，这种"分久必合，合久必分"的规律始终会贯穿于地球生命的始末，如果是有始无末，就会一直循环下去，成为真正的永动机。

根据"究极盘古"理论，未来的地球将会出现以下变化：首先，非洲大陆北移，嵌进亚欧大陆里，两个大陆合二为一，那么孕育了古老文明的地中海在两大板块的挤压下就会消失，形成山脊。由于非洲大陆的并进，新的亚欧大陆比之前的亚欧大陆要大得多。有人为它取了一个新的名字——"非亚大陆"，不过"亚非大陆"更为顺口，不

未来的超级盘古大陆

管是怎样的名字，即使是真到了那一天，也不一定会有精力去为它取一个名字，因为板块碰撞永远比现实想到的危险得多。

其次在2500万～7500万年后，澳大利亚有了动作，开始向北移动，其间会和印度尼西亚、马来西亚碰撞到一起。逆时针方向旋转着的澳大利亚会和菲律宾合并在一起，最终撞上亚洲大陆。

在澳大利亚身后的南极大陆也将向北进发。这位披满冰甲的巨人在行进的过程中一定会感到天气炎热，将冰盖纷纷扔下，他是变轻松了，世界因此会迎来一场灾难，海平面上升，浅海国家会被淹没。

大约1亿年后，南极大陆靠近印度洋，再过5000万年，它将揳入马达加斯加与印度尼西亚，印度洋最终成为内陆海。距今2亿年后，美洲漂移过来与非洲重逢，加拿大旁边的纽芬兰岛将撞进非洲大陆，巴西与南非比邻而居。这时各大陆并在了一起，只留下了中间的印度洋，究极盘古形成了。

但是一些人也对此提出了疑惑，认为对"究极盘古"或者"美亚大陆"的预测还为时过早。美国圣弗朗西斯科塞维尔大学的地质学家布朗丹·墨菲则便是这样认为，不过他也十分赞同斯科特的研究，并表示在未来的几十年时间里，与地质学相关的科学技术将取得更大的进展，地球的内部运动、预测板块运动的研究会更加方便。他说："任何一个时期的地质研究，都只能算是一部漫长电影的一个单独镜头。只有把所有这些镜头连接在一起，我们才能看清楚地球大陆的舒缓舞步。"

终极盘古大陆的形成过程被认为将有隐没带（也称俯冲带）在大西洋西岸，即美洲东岸形成；大西洋中洋脊将被拉入隐没带，大西洋的洋底盆地被毁灭，大西洋闭合消失；美洲大陆将与欧洲和非洲大陆碰撞。就像大多数的超大陆，终极盘古大陆的内部可能是极端高热的半干燥沙漠。

还有一种观点认为，依照超大陆旋回，究极盘古可能会在2.5亿年后形成。大约5000万年后，北美洲可能向西移动；而欧亚大陆将向东移动，甚至向南，不列颠群岛将向北极靠近，而西伯利亚将南移到亚热带地区。非洲将和欧洲、阿拉伯半岛相撞，地中海和红海（特提斯洋的最后残余）完全消失。一座新的山脉将从伊比利亚半岛开始延伸通过南欧（新形成地中海山脉），经过中东进入亚洲，甚至可能形成比圣母峰更高的山。类似的状况发生在澳洲和东南亚相撞，新的隐没带环绕澳洲沿岸和延伸到中印度洋；同时南加州和下加利福尼亚半岛将和阿拉斯加撞击形成新的山脉。

约1.5亿年后大西洋将停止扩张，并因为大西洋中洋脊进入隐没带开始缩小，南美洲和非洲之间的中洋脊可能会先隐没。印度洋也被认为会因为印度洋海底地壳在中印度洋海沟隐没而缩小。北美大陆和南美大陆将推向东南。非洲南部将通过赤道到达北半球。澳洲大陆将与南极洲相撞并到达南极点。当大西洋中洋脊最后的板块分离区进入美洲沿岸的隐没带，大西洋将快速闭合消失，加速终极盘古大陆形成。2.5 亿年后，大西洋和印度洋将消失，北美大陆与非洲大陆相撞，但位置会偏南。南美大陆预期将重叠在非洲南端上，巴塔哥尼亚将和印度尼西亚接触，环绕着印度洋的残余。南极洲将重新到达南极点。太平洋将扩大并占据地球表面一半。

　　不论从哪种观点来看，这都是很久远的事情，虽然要高瞻远瞩，但是放眼当下，最重要的还是要好好保护我们赖以生存的家园。

Part 5

古海洋中的秘密

　　古老的海洋中到底有什么秘密？为何今天的海平面会不断升高，历经亿年的时光，海洋为我们留下了什么，是否能够从一些痕迹去探究古海洋中的秘密？那沉没在海底的沉积物、大洋中脊两侧的古磁性条带、存活下来的远古生物——鲎，相信这些信息能够揭开古海洋神秘的面纱。

凶猛的海洋开始入侵大陆

　　陆地和海洋之间一直在进行着一场战争，或是陆地与陆地撞击，使海洋闭合；或是汹涌的海水将陆地淹没。现在海平面正在不断上升，虽然以很轻盈的姿态不去引起人的注意，但是小心翼翼的人类还是得到了警示：海水正逐渐漫出海盆边缘，向浅海区域进发，例如会逐渐吞噬白令海、巴伦支海等海域；一些地方的海水已经不能昂首挺胸，开始向内陆海域涌去，如波罗的海、圣劳伦斯湾等地；许多地方的河道已经被海水淹没，永久消失了。

　　在地球诞生以来，最严重的一次海水侵蚀是发生在白垩纪时期。大约1亿年前，海水大肆疯狂进犯全球。在北美地区，海水从东、南、北三面进犯，庞大的北美大陆却没有还手之力，被淹没了大半，侵犯进来的海水建立了自己的领地，形成了广大的内陆海，不过势头正旺的海水大军没有停歇的意思，继续向东前进，吞没了墨西哥湾至新泽西州的沿海平原。

　　欧洲地区岛屿众多，海水大军当然不会放弃这块轻易就可以取得的肥肉。于是英国的多数岛屿被淹没在水下，只留零星的几座古岩山脉在彼此默默相望。南欧也逃脱不了被进犯的命运，几块古老的岩质高地奋起抵抗，在汹涌的海水中，昂着高昂的头颅，不肯屈服。中欧大多数地域在表示没有反抗的力量，纷纷投降，但是一些高地挺身而出，挡住了海水的去路，这些海水大军与之征战了几次，发现不能将其征服，只好悻悻然从其身旁绕过，去征服其他区域。

　　海洋在入侵非洲大陆时遇到了困难，非洲大陆与之打起了沙砾战，在海水大军侵蚀的同时，脚底的沙砾裹着它的步伐，不让其前进。于是一路下来，在大陆上沉积了大量的砂岩。这些砂岩后来经过风化，成为了撒哈拉沙漠细砂的来源。

成功征服非洲大陆后，海洋迈着欢快的步伐到了瑞典，在瑞典很快形成了自己的内陆海。这些内陆海又向俄罗斯进军，与里海汇合后，势力更加强大，浩浩荡荡向喜马拉雅山脉进发，到了山脉底下，才发现自己根本无法跨过它的肩头，尝试了几次，不得不败下阵来。自此，在山脉下安营扎寨，希望有一天能征服它。

　　在向这些地区入侵的同时，其他区域的海水大军也没闲着，在印度、日本、澳洲以及西伯利亚都取得了不错的战绩，虽然没能全部侵蚀，但部分地区已经在其掌控之下。在南北大陆一处区域也被海洋入侵，而这块区域在多年以后一雪前耻，突破了海水大军的防线，地势开始隆起，形成了著名的安第斯山脉。

海浪拍打海岸

在海洋不断入侵大陆时留下了大量沉积物，这些沉积物在今天形成了美丽壮阔的景观，如位于英国东南部和法国加来以西的格里内角之间的多佛港，有一处白色断崖，十分壮观，而这白色断崖就是这些沉积物形成的。沉积层中有孔虫类的微小海中生物的外壳，形成了碳酸钙沉积岩。石英砂是白垩沉积层中常常见到的沉积物，除了这些沉积物，还有一些燧石结核，这些燧石结核对于石器时代的人来说大有用处，人们用它制成武器和器具，用来捕食猎物，或进攻或防卫。而且有些沉积物还可以用来制作燃料。

尼亚加拉瀑布位于加拿大安大略省和美国纽约州的尼亚加拉河上，是世界第一大跨国瀑布，也是美洲大陆最著名的奇景之一。这一奇景却一直不为西方人所知。直到一位叫路易斯·亨尼平的法国传教士来到这里传教，发现了这一大瀑布，被它的美所震撼，回到欧洲后，将这一仙境说于欧洲人听。有一个欧洲探险者叫雷勒门特来到这里，并为其命名为尼亚加拉。法国皇帝拿破仑的兄弟吉罗姆·波拿巴听说了这个仙境的所在，带着他的新娘一路跋涉来到了尼亚加拉瀑布度蜜月，在这里愉快地生活了些日子，回到欧洲后每逢人问起，他都大肆宣扬一番，引得人们一心向往。渐渐欧洲兴起了到尼亚加拉度蜜月的风气。直到今天尼亚加拉仍然是度蜜月的胜地。

但是你知道尼亚加拉瀑布是怎么形成的吗？志留纪时期，北冰洋向南延伸，吞噬了一块陆地后，形成了内陆海。由于四周地势十分低矮，所以在这片海湾中并没有留下泥沙或别的沉积物。久而久之，这片海湾形成了大片主要由白云岩层组的岩床，后来海水退去，这片海湾形成了陡峭的悬崖。又过了数百万年，冰河融化后，冲到这里，飞流直下，白云岩层下方有一层质地较软的页岩层，禁不住洪水的侵蚀崩塌开来，于是就形成了现今看到的尼亚加拉瀑布。

猛犸洞穴位于美国肯塔基州中部的猛犸洞国家公园，是世界上最长的洞穴，也是世界自然遗产之一。人们不仅对其奇特的地理构造感到惊奇，而且更为惊奇的是，这个洞穴仿佛是个无底洞，至今也不知道它究竟有多长，通向哪里，几乎一直都有新洞穴和新通道被发现。

传说在1799年一个名叫罗伯特·霍钦的猎人，一次狩猎中无意中发现了猛犸洞穴。后来人们在对猛犸洞穴的探索中还发现了人类生活过的痕迹，例如简单的工具、用过的火把等，说明很久以前印第安人就在此居住了。第二次英美战争期间，这里是开采制作火药的硝石矿场。战争结束后，停止开矿，逐渐成了公共游览的场所。

猛犸洞穴是怎么形成的呢？在古生代时期，海洋沉积了大量的石灰岩层，后来海水退去，经过多年地下水的溶蚀，形成了这一奇特的景观。

海水大军入侵的原因

海洋与陆地之间的战斗从地球诞生之初就已经展开。地质学家将这一过程描述为三个阶段。第一阶段，大陆占优势地位，陆上高山林立，海水集聚在海盆之中，蓄势待发。到第二阶段，大陆地势逐渐降低，海洋抓住了时机，在全球范围内对大陆宣战，世界各大洲的边缘地带全部沦陷。一些势不可当的海洋大军冲进了内陆，形成了内陆海。到第三阶段，大陆奋起反抗，再度隆起，海水匆忙退去，留下了大量沉积层。

其实早在远古时代，大洋中的海盆蓄积了大量的海水，其深度远远大于内陆海。尽管如此，内陆海仍然十分辽阔，有的内陆海的深度达到了200米。不过这些内陆海的命运也十分悲惨，在海洋与大陆的大战中常常被闭合，从此消失。

海洋入侵大陆与地壳的运动有着很大的关系。地壳是地球的最外层，活动最为频繁，时常会伸个懒腰，隆起或下陷。每当陆地下陷后，海水就开始入侵大陆。整个过程有条不紊地进行着，周而复始，神秘而且凶残，沿海的生物往往不能快速做出选择，便沉入大海。

陆地物质不断沉入海底是海平面不断上升的另一个重要原因。就像乌鸦喝水的故事一样，往瓶子中投入石子，瓶中的水就会上升。大海就是一个巨大的容器，当陆地不断崩塌瓦解，陆地上的物质不断涌入大海，造成海底河床下陷，海水满溢而出。但是有一点奇怪的是，虽然大陆物质不断地随河流流入海洋，但是陆地自身仿佛是在做最后的抵抗，地面不断升高，就像是卸载了货物的船只一样，很是奇妙。

在大陆地震带上有很多火山，或是沉寂良久，不能造成灾难，或是常年喷发，给人们的生命财产带来了威胁。同样，海底的世界也并非那么平静，海底生物不仅要受到天敌的攻击，受到气候变化的影响，还会受到海底火山的攻击。海底火山虽然常年沉寂于海底，但是它对海平面、海底生物甚至岸上居民的生活有很大的影响。百慕大三角正处在南北美之间地壳断裂带的北缘，海底地形十分复杂，火山和地震活动非常强烈。夏威夷群岛形成于白垩纪，那时正是海洋入侵大陆的时期。夏威夷群岛十分巨大，在太平洋上绵延近 3200 千米，若是岛屿下陷，造成满溢时的总水量是十分惊人的。

在更新世时期，地表被厚厚的冰原覆盖，后来冰原融化，渐渐消退。冰帽曾经在地球上肆虐横行，等天气转暖融化后，逐渐消退。不论是冰原还是冰帽，融化后都最终汇入大海使得海平面上升，海水肆虐，大肆入侵大陆。而冰河时期相对来说是大陆一段比较安全的时期，那时大陆被冰雪覆盖，天气寒冷，冰雪终年不化，越积越多，这些雨雪大多来自海洋，所以冰河越来越庞大，海洋反而是逐渐缩小，海平面逐渐下降。

今天的海、陆情况却不是这样。现在的地球正处于第四次间冰期的最后阶段，在更新世末次冰期形成的冰层已经消融了一半，只剩下了分布在格陵兰岛、南极以及一些山脉中的冰川。而且现在的气候正在变暖，冰川在进一步消融。

汹涌的海水

在海平面不断的上升、下降中，留下了大量痕迹。当时海平面下降的痕迹已经沉入到了深海，只能通过水中探测才能发现。但是对于海平面上升留下的痕迹可以在很多地方找到。如果你去过萨摩亚岛，在一些高于海平面的山脚下你会发现被海浪长期侵蚀而形成的台地。在太平洋、南大西洋、印度洋的一些岛屿上也能发现这样的痕迹。

在海水不断侵蚀大陆的过程中留下了大量奇特的景观，在一些海浪侵蚀不到的崖壁高处也形成了一些十分奇特的景观，海蚀洞就是在海浪长期的拍打、冲击下形成的。但是海蚀洞的形成同溶洞不一样，陆地上的溶洞是石灰岩溶解的结果，而海蚀洞不是由于化学作用而形成的，它是由于长期受到海浪的拍打，岩石的结构遭到破坏而形成的。岩石的各个部位坚硬程度并不一样，而且还有着大大小小的裂缝。海水会冲进岩石缝隙中，那些较脆弱的部分经不住海浪的冲击会崩塌、破碎。这样就会在岩壁上形成凹陷进而形成一个洞。这些洞在海浪成千上万年的不断冲击下，越来越深、越大。海浪冲进洞内会形成一股巨大的压力，继续破坏洞内的岩石。有时还会将洞顶的岩石冲碎而形成另一个洞口。这时当海水涌进下面的洞口时，巨大的水压会以喷射水的形式从另一个洞口释放出去。

在挪威的陀加腾岛，有一条由海浪冲击而形成的通道。这条惊人的通道在间冰期就已经形成，那时岛上的花岗岩被海水不断冲击，最终形成了一条长约 150 米的惊人通道。现今这条通道位于海平面上方 120 米的地方。

在我国香港也有很多著名的海蚀洞，吊钟洞便是其中之一。因其外形像一口巨大的吊钟而得名。洞内圆石成滩，可涉水登临。卵石在波浪的长期冲磨下，表面十分光滑。游人至此，拾上几颗带回家去，可作纪念。位于瓮缸群岛横洲的角洞也很有名，角洞呈半月形，洞口左边有一个小洞，通道十分狭窄，仅容一小型橡皮舟通过。洞道虽狭小，浪流却湍急。

香港地区东部众多洞穴中最为出名的是水帘洞飞鼠岩，它位于清水湾半岛的大环头，是一个长度达 60 多米的海蚀洞。每当雨后，洞前水帘悬挂，十分壮观。当潮水退去，右边还有一洞，每当太阳光从外面投射进来，洞内的景色妙不可言。

沉没在海底的沉积物

自从地球诞生以来，在雨水的冲刷下，岩石被风化漂流入海，又经过数万年甚至是数亿年，这些沉积物重见天日，或形成了奇特的景观，或成为了地质学研究的对象，用来揭开海底神秘的面纱。

沉积物拥有巨大的史学价值。历史学家研究历史，不外乎是从古籍记载、史迹文物入手，那么对于海洋的研究就变得困难多了。由于在很长的一段历史时期内，人类对海洋了解甚少，甚至认为海洋中存在着神明。直到近代科学技术不断发展，地质学家们发现可以根据海底沉积物来认识海洋。例如，地质学家们可以根据沉积物的性质或者是沉积层的排列顺序就可以推断出其所在水域或者周围陆地所发生的一切。甚至是海洋入侵陆地、火山爆发、冰河肆虐等亿万年前发生的事，都可以推断出来。

一年或是一百年，沉积物的积累不会很多，但是几十亿年的积累就不一样了。直到今天海洋中已经形成了各种各样的厚厚的沉积物。河流汇入海洋时将河底的泥沙带入海洋，形成了常见的沉积物，在泥沙中，我们常常可以看到各种动物的化石。地球形成不久后，就有沙漠的存在，在原始海洋形成后，沿岸沙漠中的风沙随风沉入海洋，形成了沉积物。火山爆发喷薄出的火山尘一部分随风飘扬，或落入附近的海底，或散布在大气平流层中，越过半个球，飘到更远的地方，途中可能遇到雨雪，被雨雪吸收，形成河流，最终流向大海。也可能一路旅行，被途中的海水吸收，沉入海底。

在生命诞生之初，地球上的气候环境是十分恶劣的，时不时有大灾难爆发。全球气温骤降，许多动植物灭绝。在海面上形成了厚厚的冰层，海中的岛屿被冰雪覆盖形成了冰山，当海底火山喷发引发了地震，或是天气转暖、冰山消融时，冰山裂开，一块块冰块卷着沙砾、

碎石、贝壳撞入大海。

早期的地球还会受到外来陨石的攻击，有些陨石经过大气层会炸裂开来，形成许多陨石碎屑，大的陨石砸向地面，动物们诚惶诚恐，拼命地抵抗、进化，但还是有很多物种灭绝了。留在大气层中的碎屑也会降落下来，沉入海底。在艰难的时期，大型的动物很少能存活下来，反而一些体形较小的动物躲过了灾难，得以继续繁衍。所以在所有沉积物中，最常见的竟是那些微小生物留下来的甲壳和骨骸。

经过亿万年的积累，海床上方沉积层的厚度到底有多厚呢？在以前，人们虽然很想知道这个答案，但是由于科学技术的限制，没有合适的方法来探测沉积层的厚度，人们只能凭借着想象去猜测。有人认为会是几百米，大胆一点的认为达到了几千米。瑞典深海考察队在大西洋海盆的探测中给了我们精确的数据，当时测得的沉积层的厚度达到了 3600 多米，震惊了世人。

海底火山喷发

如此深厚的沉积层堆积在海床上，会不会使得海床下陷呢？许多地质学家提出了不同的看法。后来在距海平面约 1600 米的地方发现了沉没的岛屿。据推测，这些岛屿在远古时代就已经形成，当时还没有出现原始的珊瑚，在这些岛屿上并没有发现珊瑚的痕迹。所以可能就是沉积物压陷地壳，这些岛屿才到了现在的位置。

但是并不是所有海床上的沉积层都是那么厚，瑞典海洋学家在对大西洋其他地方的探索中，发现的沉积层不过在 300 ～ 1000 米之间。在大洋中脊靠近美洲的那一面，越接近大西洋大洋中脊，地势越高，沉积层越厚，达到了 300 ～ 600 米之间，沉积层的宽度也不断增加，到地势更高的地方沉积层的厚度达到了 1000 米。但是相对于大西洋某些地方 3600 米的厚度而言，还是显得不足为道。海洋学家对太平洋和印度洋进行探测后大失所望，很多地方沉积层的厚度都没有超过 300 米。

科学家们对此感到迷惑不解，若是经过几十亿年的积累，那么沉积层应该普遍很厚。但是事情却不是这样，会不会一些地方的沉积物已经分解了？对此科学家们提出了很多看法，但是往往都没有充足的证据证明各自的观点。所以至今也一直困扰着科学家们。

随着对海底沉积层探索的深入，人类渐渐了解了其沉积模式。在大陆坡边界以外的深海水下，包裹了大量来自陆地的泥土，这些泥土五颜六色，十分漂亮。海底深处，无数微小的海洋生物残骸构成了海底的软泥。孔虫类单细胞生物最为常见，其中数量最多的是抱球虫。抱球虫外壳十分奇特复杂，整体像一个个圆滚滚的小球，抱球虫的体形很小，借助显微镜才能一睹它的真容。虽然抱球虫体形很小，但是在温暖水域里，到处都是它们的身影。它们分裂后抛弃的外壳能够覆盖海底数百万平方千米，堆起数百米甚至是数千米的高山。

冰河时期形成了大量冰山，在这些冰山的底部，冻有大量泥沙、碎石，后来形成了冰河沉积层，在一般的抱球虫沉积泥上往往会覆盖一层冰河沉积层。冰河时期结束后，冰山渐渐融化，抱球虫又开始活跃起来，开始大量繁殖，形成了新的抱球虫沉积软泥。

在百慕大附近海域有一种与众不同的海底沉积物，它是来自一种翼足类海蜗牛的残骸。这些翼足类海蜗牛外形十分精致，有着美丽的透明外壳。它们整日拖着美丽的小房子在海中遨游，生命终结了就把房子留下，形成了厚厚的沉积软泥。

植物也是构成沉积物的重要成员。硅藻是寒带水域常见的一种微小植物，体外有着硅质的盒形外壳，构造十分精细。在南冰洋海床上布满了硅藻沉积物。在北太平洋，顺着阿拉斯加到日本沿岸一带也发现了大量硅藻沉积物。

深海区域十分神秘也十分凶险，那里水压强大，海水刺骨寒冷，只有体格健壮的生物才能生存，很多沉积物在到达这里之前就已经分解，所以这里的沉积物多是深海区域的动物残骸。这是一种仅仅包含有鲨鱼牙齿和鲸鱼听骨的松软红色沉积物，广泛分布在北太平洋的深海水域。

冰河时期的远古人类

在冰河时代，天地间白茫茫一片，巨大的冰川横亘在大地上。更新世最大的一次冰河作用发生在距今约 20 万年前，那时人类早就出现在了地球上。这段时期对于人类来说是一段非常困难的时期，由于巨大的冰川将原始海洋中很大一部分水吸走了，造成海平面下降，白令海峡成了一座宽阔的陆桥。陆地上食物缺乏，人类开始徒步走过白令海峡寻找更多的食物资源。

原始人类和许多动物一样对于地球上灾难的发生有着足够的警

原/始/海/洋

Primitive Ocean

觉。从那时起，地震、海啸的发生，或是狂风暴雨来临之前，他们都会有警觉，开始逃离灾难，向更加温暖的南方迁徙。但是相信也有一部分原始人或者动物留了下来，他们生活在冰雪的世界里，巨大的冰层覆盖着苍茫的大地，一阵阵寒风夹杂着雪花肆虐着陆地上的生物。一座座冰山在白天闪耀着明亮的光辉，始终不见冰川消融。人们能够在白天寻求一些温暖，出去寻找猎物，但是到了晚上当那清冷的月光越过高山、越过平原将大地的一切照得恍若白昼时，人们却不能舒服地入睡，那刺骨的寒风仿佛是穿透了一切障碍刺入人们的身体。留下来的动物不敢随便出门觅食，因为每一次行动也许都会是生命的终结，同样人类也很难找到食物，饥肠辘辘的人类和动物就是在这样的环境下迎接着一次又一次冰雪世界的挑战。

生活在印度洋沿岸的原始人类则幸福得多。这里的人们对远方的冰河一无所知，他们只是发现，一片又一片海域陷入了干涸，海底的沙洲成了真正的陆上沙洲，一粒粒沙子在炽热的艳阳下闪着亮晶晶的夺目光彩，那是一个个美丽的贝壳。人们在干燥的地面上肆意地迈着步子，瞭望着远方，目光所到的地方都被热气笼罩。

在这样艰难的情况下，出现了一种被称为穴居人的直立人，他们拥有与现代人几乎相同的大脑。他们互相协作，共同生活，完美地适应着这个严酷的世界。但是他们却不是人类的祖先，他们与人类的祖先共同在艰难的环境中生存，但是最终人类的祖先生存了下来，穴居人却消失了。早先的人类虽然能够进行一些比较有智慧的狩猎活动，但是凶猛的野兽对人类还是有着很大的威胁。为了能睡一个安稳觉，同时躲避自然灾害的侵扰，人们选择在洞穴中生活。考古资料显示，目前在欧洲、亚洲等都发现过规模浩大的地下洞穴迷宫的遗迹，例如位于阿尔卑斯山的让波尔纳大洞穴、土耳其境内的安娜托利亚高原的大规模洞穴等。

那么穴居人与现代的人类有什么形似的地方或者是不同呢？一些研究学者认为，穴居人与现代的人类基本没什么差别，他们和人类的祖先一样，懂得制造尖利的器物，懂得用装饰品来打扮自己，懂得在同伴死后将其埋葬。但是有一点让人类学家困惑不已，那就是穴居人有着很大的鼻子。现在非洲地区人的鼻孔一般比较大，科学家对此解释说，较大的鼻孔更有利于抵抗炎热的天气，给身体降温。于是不少人认为穴居人的大鼻子也是这个道理。但是很快遭到了一些权威人士的反对，他们说穴居人大部分生活在欧洲的冰河环境下，大部分时间都处于寒冷中，大鼻子并不是因为天气原因进化而成的，而是为了与脸上其他的器官相对应，在穴居人鼻子的下方长着大大的嘴和下巴，这样他们能够撕碎坚韧的食物。

冰川遗迹

一个叫纳森·霍尔顿的美国古人类学家对此作了解释，他说："人们通常解释穴居人的脸本是特意制造强大咬力的，而宽大的鼻孔则是这一宽大面孔的一部分。"为了为自己的说法寻到证据，霍尔顿对穴居洞人、远古人类的脸部进行了测定，但是并没有找到实质性的证据，不过他有一点是值得肯定的，不论穴居人是否拥有大的嘴和下巴，他都有一个大鼻子。而且穴居人的内鼻孔较外鼻孔要狭窄，因此也能很好地适应寒冷冰川气候。霍尔顿还表示穴居人的脸比现代人的宽大。那是因为更早期的人类就是这样。

先前的研究一直认为，穴居人仅仅分布在欧洲地区，但是随着世界很多地方都陆续开始发现穴居人的化石，人们不得不将穴居人的活动范围进一步扩大。研究认为，生活在欧洲的穴居人曾到过俄罗斯西伯利亚地区，甚至还可能进入了中国境内。在西伯利亚南部的阿尔泰山脉地区也发现了一些穴居人的骨骼化石。通过对这些化石进行分析，推测出这些穴居人可能生活在接近于穴居人灭绝的时期。那时的穴居人可能意识到欧洲恶劣的生存环境已经不能够满足生存发展的需要，于是大批穴居人开始翻山越岭，冒险东迁，想要寻找一条光明大道。当他们到达目的地后，可能正是夏天，天气不是十分炎热，绿水环绕、树木葱葱，各种野果遍满山头，各类动物在林海中穿梭。穴居人自认为找到了一个良好的栖息地，开始在这里生活。然而到了冬天才发现，这里远比想象的要寒冷，巨大的温差使得穴居人适应不了这里的生活，逐渐走向死亡。

关于穴居人的灭绝，人们百思不得其解。根据研究，穴居人与现代人类的祖先很相似，甚至在使用武器方面还要略胜一筹，为什么现代人的祖先存活了下来，而穴居人却灭亡了呢？人们认为，穴居人的灭绝是源自于 1.3 万年前的一次灾难。1.3 万年前的一天，一颗彗星突然撞上了地球，在冲破了大气层时发生了爆炸，然后分裂开来，爆炸产生的巨大火球从天空中砸了下来，北半球多数地方成了一片火海。这次事件之后，猛犸、乳齿象等动物从地球上开始消失，并且引发了巨大的气候变化。在随后的 1000 多年中，世界上大部分地区进入到了冰冻时期。穴居洞人也因此而灭绝了。

但是很多人对此提出了质疑，因为若是大灾难摧毁一切，现代人的祖先是怎么生存下来的，难道真有更加强大的生存方式吗？显然他们认为这个理由不是很充分。一些人又提出了新的观点，他们认为穴居人和现代人的祖先，最初生活在非洲，后来一些人为了探索新的世界，去了欧洲，形成了穴居人。而留下来的人则继续在非洲繁衍最终进化为现代的人类。生活在欧洲的穴居人条件十分艰苦，在冰川时期，终日生活在寒冷中。而生活在非洲的现代人类的生活状况要好得多，所以繁衍十分迅速，他们也开始向欧洲发展。欧洲逐渐增多的现代人类与穴居人形成了竞争，数量庞大的现代人类占据了穴居人的栖息地，穴居人由于人口数量少只好退居到欧洲大陆偏远的地区。在变化无常的气候中，穴居人逐渐消失了。

神秘的海底古磁性条带

古地磁是指人类史前（地质年代）和史期的地磁场。在对磁场的研究过程中，人们遇到了难题。现代地磁场的记录仅有短短的几百年的历史，人们很难得知在过去的几千年、几万年，甚至是几亿年前地球磁场的变化。岩石一直是地球历史的见证者，通过那历经沧桑的岩层，人们可以推测出它的年龄，甚至是当时周边的环境。于是人们不禁满怀期待，从岩石身上能否寻得古地磁的踪迹呢？通过对岩石的探测，果然记录了很多磁性的信息，人们从而可以了解到地球磁极的长期变化。

后来经过研究才得知原来地壳各处的岩石或多或少都含有一些磁性矿物，随着地壳运动，这些岩石或是转移了阵地，转移到了海底被泥沙掩埋；或是继续下沉，沉睡在更深的地层。在这个过程中，当时磁场的强度、方向等信息被保存在了岩石上。在经历了漫长的地质时期，一些活跃的岩石没能保存好磁性，变成了一块普通的岩石；一些岩石磁性稳定，一直保留到了现在。地质学家们把这些石头当作宝贝一样看待，它们不仅记录了海陆的变迁，而且见证了磁场的变化。同样一些古瓷器、炉灶等原始焙烧物在冷却时也记录了当时的磁场信息。就这样，从人类诞生这段时期开始，能够记录磁场信息的东西更加丰富，对人类史期的地磁场的认识也更加精确。

当地质学家发现一块记录有磁场信息的岩石或是原始焙烧物时，激动的心绪很快就平静了下来，因为他们面临的是更大的挑战。这些器物深埋在地下时，即使经过千万年也不会瓦解。在这个漫长的过程中，很可能磁场发生了变化，变化的信息又一次被记录在上面。所以地质学家想要得到原本的磁化信息，就得对外层的磁化信息进行清洗。即使是这样，古地磁场的方向和强度也很难测得很精确。通常在这样的情况下，地质学家们会进行大量标本的比对，这无疑加大了工作量。

19世纪末，著名物理学家皮埃尔·居里发现了一块小小的磁石，对磁石进行加热后发现了一个有趣的现象。当磁石被加热到一定温度后，磁石本身具有的磁性就消失了。为了确定这不是一个偶然的现象，居里又找到了几块磁石做实验，结果令人欣喜，这些磁石的磁性也莫名消失了。这一发现为以后的科学发展做出了重要贡献，人们为了纪念这次发现，将磁石磁性消失的温度称为"居里点"。利用这个特点，聪明的人们开发出了很多控制元件，例如断热元件。我们平常使用的电饭锅就是利用这一特性进行自我断电保护的。原来在电饭锅底部装有一块磁铁和一块居里点为105 ℃的磁性材料，当电饭锅的温度达到105℃时，电饭锅中的食物已经足够热乎，这时就需要自动切断电源了。磁性材料磁性消失，对于磁铁来说它再也没有更大的魅力使得磁铁黏着它不放，位于磁铁和磁性材料之间的弹簧趁机站了出来，将两者分离了开来。在弹簧的带动下，电源被切断，电饭锅停止了加热，一次加热过程就此结束。

这个居里点还有什么用呢？只要岩石的温度没有超过"居里点"，岩石记录的磁场信息就是当时地球的磁场信息，所以只要测得岩石的磁性，人们自然知道了当时的地磁方向。科学家在此基础上还可以研究地磁场的变化。

1906年从法国熔岩中发现了磁化方向与现代地磁场方向相反的岩石。随后在其他地方也观测到同样的事实。1925年人们曾对西西里岛的埃特纳火山近代熔岩流磁化方向进行过测定，发现熔岩磁化方向与地磁场方向相当一致。至今人们已经获得许多史前和史期地磁场方向的测定结果。20世纪60年代以前存在着岩石自发反向磁化和地磁场本身倒转两种观点的争论。随着反向磁化岩石的普遍发现和实验室工作的进展，到了20世纪60年代古地磁场倒转的观点已为人们普遍接受。

第二次世界大战之后，人们开始对海洋中的古地磁进行探索。科学家先是用磁力探测仪，在大西洋大洋中脊上的海面进行了探查，后又对太平洋进行了古地磁测量。通过两次调查，科学家们惊奇地发现在大洋中脊中轴线的两侧发现了等磁力线条带，每条磁力线条带长数百千米，宽度在数十千米至上百千米之间不等。

1963年，海底扩张说正在流行。英国剑桥大学的一位年轻学者和他的老师提出了这样一种说法：如果"海底扩张"曾经发生过，那么大洋中脊两侧凝固的熔岩应该保留了当时地球磁场的磁化方向，那么两侧磁性条带的磁化情况应该完全相同。人们对于这个假设很有兴趣，不乏一些先行者前去探索，最后果然不出

磁力探测仪

所料，在太平洋、大西洋、印度洋都找到了同样对称的磁性条带。根据这些磁性条带，科学家们推测，在7600万年中，地球曾发生过171次反转现象。

虽然人类发现了海底磁性条带，也取得了很多新的发现，但是一些问题还是持续困扰着科学家。例如地球转得好好的，为什么会突然反转，是什么力量导致了这一情况的发生？尽管就像解释海洋形成原因时一样，人们提出了各种假说，但是彼此不能信服。这个谜题只能等待科学家进一步去探索了。

远古人类的栖息地：姆大陆

在现今的世界上仍有许多神奇的景观、现象等着人们给出一个合理的解释。古老的埃及金字塔真的是另一种远古文明的遗迹吗？复活节岛上巨大的、奇形怪状的石像又是怎么回事？麦田怪圈是外星人的杰作还是远古文明在现代的展现？一系列问题都让我们有一个疯狂的想法，是否在人类文明产生之前就有了许多先进文明的存在。

一些学者提出，在远古时代真的有一个大陆存在，人们称它为"姆大陆"。姆大陆据说是存在于现今的一个海洋上，在人类文明产生以前，这个大陆发生了灾难，就此消失。19世纪著名的旅行家奥古斯塔斯·勒·普朗根首先提出了姆大陆的存在，他认为在人类文明产生之前就有多个古代文明存在，这些文明诞生于姆大陆上，后来姆大陆发生了灾难，大陆被毁，仅有很少一部分人存活了下来，这些人来到了古埃及等地，开始传播文明。于是就有了灿烂的埃及文明、巴比伦文明、古希腊文化……普朗根认为这个大陆存在于现今的大西洋上。

普朗根本身是一位杰出的作家，所以当他提出了姆大陆这一概念后，许多人并没有太过激烈地进行反对，很多人都是抱着一丝猜测和幻想去想象当年姆大陆的样子。一些作家也积极做出响应，表示支持普朗根的想法。詹姆斯·丘奇沃德是当时最为活跃的一位作家，他写了大量文章来宣称姆大陆的存在，但是为了表示与众不同，他将姆大陆的位置定在了太平洋，因为他的国家处于太平洋的怀抱。自从普朗根时代起，"姆大陆"一词成了人们竞相争论的话题。首先，对于姆大陆是否存在一直争论不休，科学界也对此表示无能为力；其次若是存在，对于它的毁灭方式充满了离奇的幻想，或是火山喷发淹没在岩浆之下，或是核武器大战摧毁了一切。

火山喷发

普朗根为了能够为自己的想法找到一些可靠的事实依据，在环游世界的同时，开始探寻关于姆大陆的线索。这显然如同大海捞针，甚至比找到一颗远古时代生物的化石，并且探寻它的来历难多了。因为这个大陆完全就像是一片落叶一样，在经历了风霜雨雪后埋于泥土中，从此没了踪迹。玛雅文明是一种古老的文明，关于玛雅人种种的传说使得普朗根仿佛抓住了唯一的希望，他开始寻访墨西哥尤卡坦各处的玛雅遗迹，并且对于其中一些古老文献进行了破译。从文献记录上来看，尤卡坦的玛雅文明是比古埃及文明更为久远的文明，在一些记载中可以看到姆大陆的身影。在史前时代，有一块高度文明的大陆存在，但是这块大陆最终却被海水淹没，并且很多玛雅人都知道这个已经消失了的古大陆的故事。普朗根整合了大量资料，认为在史前确实存在过姆大陆，不知什么原因，姆大陆沉没在了大西洋，生活在姆大陆边缘的人们，或者是早已渡海跑到了地中海一带建立了古埃及文明。也有一部分人跑到中美洲，逐渐成为了玛雅人。这也就解释了为何能在玛雅文明中探寻到姆大陆的痕迹。

丘奇沃德对普朗根的姆大陆存在一说进行了宣传和推广，他不仅写文章发表在一些期刊上，而且还出版了一系列关于姆大陆的图书，如《消失的姆大陆：人类的故地》《消失的姆大陆》《姆大陆神圣的符号》等。当有些人询问关于姆大陆的事情时，他会说早在他还是一位优秀的士兵，驻扎在印度的时候就与姆大陆结下了不解之缘。当时他与一位高级祭司成了朋友，在一次谈话中，他们谈到了古老的玛雅文明。祭司表示自己有一套古代的"黑色"泥板，上面是用失落已久的"尼加·玛雅语"写成的，并且声称关于这块石板的内容，全世界能看懂的不超过3人。这番谈话引起了丘奇沃德极大的兴趣，他请求祭司拿石板来给他观赏，并且表示想要学习这门稀有的语言。过了些时日，祭司果真拿着石板来了，教他上面的一些只言片语，等到他大致明白了石板上的内容后，惊奇地发现，这块石板来自于一块远古大陆——姆大陆，而在这片土地上孕育着先进的文明。对于这件事他在1931年出版的《消失的姆大陆》一书中写道："这方面科学的所有内容以翻译二套古泥板为基础。"其实不仅仅是丘奇沃德发现了类似的泥板，其他一些慕名前来的考古学家、学者也发现了玛雅人留下的类似的泥板。不过这些人仅仅是一时心血来潮不远万里研究一番，在没

古
海
洋
中
的
秘
密

有取得大的进展后便放弃了自己的研究计划，丘奇沃德却坚持了下来。

在经过了多年的研究后，丘奇沃德对姆大陆做了详细的描绘：在太平洋所在的位置，原先有一块大陆名为姆大陆，他是纳卡尔人的家园。纳卡尔人创造了十分先进的文明，并且很多方面甚至超过了现代人类。在大约1.2万年前，纳卡尔文明开始走向灭亡。这个拥有6400万居民，并拥有大量殖民地的国度，从现今的马里亚纳群岛延伸到复活节岛。但是庞大、繁荣的姆大陆却遭到了突如其来的大规模的地震和火山的爆发，姆大陆几乎在一夜之间消失得无影无踪。一些残存下来的纳卡尔人，带着内心的伤痛，拖着疲倦的身躯创建了古埃及文明、古希腊文明、中美洲文明、古印度文明和其他文明，复活节岛上的远古巨型石像也是他们的杰作。在远古时代，人们对太阳神十分崇拜，在古埃及、巴比伦等古国都供奉着他们所信仰的神灵，这些神灵的原型就是姆大陆的国王。

自从姆大陆存在一说流行起来后，世界上很多国家都在寻找姆大陆相关的信息。在20世纪30年代，土耳其国家的创始人读了丘奇沃德关于姆大陆的书籍后，产生了浓烈的兴趣，不过他认为姆大陆可能在现今的土耳其附近。在古印度梵文史诗《摩诃婆罗多》中记载了一场大战，这场战争中所用的武器威力巨大，它们就像是一支支巨大的铁箭，所过之处，到处是刺眼的光芒，连太阳都黯然失色。巨大的箭身发出震耳欲聋的咆哮声砸向大地，水干涸了，野兽在挣扎，一切瞬间化为了灰烬。这个场面让人联想到了今天的核武器的威力。不过在"二战"之前，人们认为这里的故事只是一些虚无缥缈的传说罢了。等到1945年美国在日本投下了两颗原子弹后，人们才意识到发生的惨烈的大爆炸与《摩诃婆罗多》书中的记载是多么相似。人们开始怀疑在史前是不是真的发生过这样的核战争，摧毁了一切，所以才没能留下痕迹。

原/始/海/洋

Primitive Ocean

一位苏联学者在研究一具远古人体的残骸时惊愕地发现，其中所含的放射量竟然比正常人的高出 50 倍。西方物理学家弗里德里克·索迪说道："我认为史前曾有过若干次文明，史前人类掌握了原子能，但由于误用，使他们遭到了毁灭。"

关于姆大陆，相关的图书、电影、音乐也十分流行。美国著名科幻小说作家罗伯特·海因莱因在自己的著作《失落的传奇》一书中描绘了姆大陆，并称姆大陆是"帝国之母"，但是强大的帝国没能管理好自己的殖民地，一个名为亚特兰蒂斯的殖民地脱离了姆大陆的控制，姆大陆派兵来讨伐却吃了败仗，逐渐被亚特兰蒂斯人所代替；美国作家文森特·特劳特·哈姆林在自己的小说中写道：在远古时期，存在着姆大陆和雷姆利亚大陆。"一山不能容二虎"，两个超级大国在无数次的大战中同归于尽了；斯蒂芬·普莱斯菲尔德在《巴格尔·万斯传说》中声称，姆大陆虽然是兴盛一时的强大帝国，但是却遭到了后来兴起的文明的挑战，双方爆发了核战争，尽数文明被毁灭。

古海洋中鲜为人知的生物

寒武纪生命大爆发的时期，是一个风起云涌的年代，海洋中的佼佼者三叶虫、鹦鹉螺、菊石等随处可见。随着人们对寒武纪留下来的化石的不断发现，人们找到了一些前所未见、奇形怪状的原始海洋生物。

首先出场的是一个形状像马桶刷一样的生物，这个怪物身长只有 2.4 厘米，就像是一条毛毛虫。恐怖的是这个家伙没有眼睛，不晓得它能不能判别方向，或者根本就是一个路盲，只凭借感觉去感知周围的事物，从而做出一些反射性的判断。它有一个圆圆的脑袋，和身体的颜色差不多，形状也不是特别突出，所以远一点看，还以为是一个没有脑袋的家伙。从嘴里伸出几根舌头一样的鞭子。据科学家推测，这几条鞭子可以自由弯曲，每当遇到猎物时，鞭子就将猎物捆住，然后送到嘴里。在尾巴上可以看到一个类似钳子一样的结构，这可能是这种生物的最强进攻性武器。说不定，蝎子用尾巴作武器，就是源于这时候。从整体来看，这个节肢动物没有什么强悍的防御性武器，仅有的是覆盖着整个身躯的一种矿物质，成为了该动物的保护壳。

科学家通过 3D 技术，将这种生物的面貌呈现了出来。牛津大学自然历史博物馆地球科学副教授德里克·西韦特看了之后，称赞其为"古生物学皇冠上的一颗珠宝"，并且对于它的形状，西韦特给出了

像马桶刷一样的海洋生物

形象的描绘，说它既像是一个马桶刷，又像是一棵圣诞树。许多学者对这一形容觉得有些可爱，却也十分赞许。德里克·西韦特教授说："它的身体非常柔软和灵活，它能够存活下来真是不可思议。这项研究花费了三年到四年的时间，但非常了不起，我们现在能够以最精密的细节展示生活在 4.25 亿年前的海洋生物长什么样子。矿物质结节就像一个子宫保护它不受到腐烂和毁坏的影响。这意味着它能够从所有发生过的地球活动中存活下来。"

这种新生物是在英国赫里福郡某处的岩石里发现的。科学家们认为它生存的时期早于任何已知的活着的节肢动物，那时英国还位于赤道南部，具体的位置应该是今天的加勒比群岛，那时这里的气候非常温暖，这种生物应该是得到了大量繁衍。西韦特教授说："它生活在水下 100 米或 200 米深处的海底，处于名为志留纪的时期——所有的无脊椎动物都开始朝陆地移动。当时它所处的是非常温暖的亚热带环境。它为我们提供了化石记录里异常的数据。它是有机生物但却没有腐烂，这真是不可思议。"

又一具新生物的化石被科学家们发现了。从化石上看，这种原始海洋生物显著的特点是四肢长在头部下方。这样有一个优点，当它在海底觅食时，可以很方便地将抓来的食物迅速地送入嘴里，饱餐一顿。英国剑桥大学的一位地球科学家这样说道："这是目前我们能够研究的最早的节肢动物发展历史。"根据分析，这种生物大约生活在寒武纪爆发早期，那时大多数动物还生活在海洋里，还没有开始探索大陆生活。

当人们想要去进一步了解这种生物的器官时却发现大多数挖掘出来的化石样本都是头朝下的姿势，一大片甲壳将其精密的内部器官包裹得严严实实，根本无法看清内部的结构。直到在我国云南昆明发现了完整的该生物的化石，才对这种奇特的生物有了更多的认识。对于

古海洋中的秘密

该生物的来源，研究人员认为可能是从拥有腿部的蠕虫进化而来。一位研究人员说："这些化石是我们窥探所知晓的动物最古老状态的窗口，在此之前，没有任何化石记录明确地暗示着某些生物究竟是动物还是植物——我们仍在不断地填补这些细节空白，这对理解整个进化历史非常重要。"

20世纪初，英国的一位考古爱好者在彼得堡附近的黏土矿坑中发现了一种奇特的生物化石。它有着锋利的牙齿，体形长约1米，一半像鲨鱼，一半像海豚。接近一个世纪的时间，该生物的骨骼化石一直没有引起人们的注意，被闲置在博物馆储藏室的一角，覆盖了一层厚厚的尘土。直到某一天，这个被岁月尘封的骨骼化石又一次出现在了公众的视野，才引起了人们的注意。研究人员对骨骼化石研究后感到十分吃惊，认为它生存于距今约1.65亿年前的侏罗纪时代。那个时候，大陆被恐龙统治，海洋中的蛇颈龙、鱼龙等强势物种称霸着整个海洋。这种动物也是其中一位超级掠食者，它们不仅对体型同样大小的竞争者下狠手，而且还会把目标瞄向比自己体形大好些的生物，完全可以以小吃大。研究人员还声称，这一远古新物种非常重要，有助于人们了解远古生物进化的过程。

生活了4亿年的活化石：鲎

从寒武纪生命大爆发开始直到今天，能够存活下来的物种少之又少。鲎就是其中一位存活了4亿年之久的活化石。鲎又名"马蹄蟹""夫妻鱼"，为何有如此多的称谓呢？原来鲎的外形既像虾又像鱼，喜欢虾的就称它为"马蹄蟹"，喜欢鱼的就称它为"夫妻鱼"。这个老古董和三叶虫一样久远，而且还有着密切的亲缘关系，不过三叶虫却没能存活下来，沦为了历史的尘埃。在这一点上，即使鲎的名声远不如三叶虫响亮，但是对于自身来讲，至少存活了下来。

鲎整体形状跟三叶虫很像，呈瓢状，且也是三段式的分法，分头胸、腹和尾剑三部分。头胸部和腹部背面有一大的背甲，整体呈青褐色或暗褐色。鲎有 12 对附肢，分别分布在头部、胸部和腹腔部。在海底爬行时，头部和胸部的附肢是主要的运动部位；当在海中遨游时，腹腔部的附肢就像是一只只船桨，不断推动着鲎向前游动。这些附肢也是挖洞的主要工具，鲎是挖洞能手，说不定还是它在生物大灭绝中存活下来的一种手段。雄雌鲎的腿是不一样的，雌鲎的 4 条前腿上长着 4 把钳子，而雄鲎却是 4 把钩子，原来雄鲎总是把钩子搭在雌鲎的背上，让雌鲎背着它四处旅行。鲎没有锋利的牙齿，因此只能吃一些软乎乎的生物，蠕虫和没有壳的软体动物是它们的美食。

令人惊奇的是鲎竟然有四只眼睛，每一对眼睛的作用也不同，头胸甲前端的那两只小眼睛对紫外光特别敏感，这两只眼睛更像是一个感知器官，用来感知亮度。在头胸甲两侧有两只大大的复眼，并且每只复眼都由若干个小眼睛组成。这对大眼睛主要用来观察视野，人们还发现鲎的复眼有一种十分先进的功能，能够使获得的图像更清晰。人们从中得到启发，将其中的原理运用到电视和雷达中去，使得电视的清晰度进一步提高，雷达显示更加精确。

经过了 4 亿个春秋，存活下来的鲎种类不是很多了，仅在北美洲、中美洲和亚洲东南沿海有分布。在漫长的进化史中，鲎的形态却没有大的改变，一直停滞在泥盆纪的形态，不过就算是不变形态，鲎能历经4 亿年的飘摇而存活下来，仍然是一个奇迹。

鲎早在古生代的泥盆纪就已经出现了，那时恐龙还没有出现，鱼

鲎

类也刚刚出现在这个世界。对于刚出现的鲎来说，生活是单调了些，但至少也为它营造了一个良好发展的环境，没有捕食者来对它捕杀，也没有竞争者同它夺食。鲎的生活真是优哉游哉，好不快乐。

作为古老的活化石，奇特的外表不足以使得人们对它刮目相看。来自远古的传承，鲎的血液保持了海洋的颜色——蓝色，经过研究，人们才知道鲎的血液中含有铜离子。人们用鲎的血液制成一种"鲎试剂"，可以准确、快速地检测人体内部组织是否因细菌感染而致病。

鲎能够忍受高温天气，即使是含盐量很高的水中也能发现鲎的身影。鲎是一种耐饿性的生物，也许经历了几次生物大灭绝，忍饥挨饿已经是家常便饭，鲎懂得如何保持自己的体能，在海底沉睡。据说在艰难的环境中，它可以一整年不吃东西，但是遇到美味的大餐它也会毫不客气地大吃一顿。

每年到了六月，温暖的海风吹拂过海面，雌雄鲎就从海底来到浅滩开始筑巢繁殖，我国民谚有"六月鲎，爬上灶"的说法。成双成对的雌雄鲎在浅滩上秀着恩爱，肥大的雌鲎常常驮着瘦小的雄鲎在沙滩上踏浪前行。人们说，鲎是成功夫妻的典范，它们一旦结为夫妇，就会相伴一生，形影不离，人们称它们为"海底鸳鸯"。雌雄鲎在浅海诞下爱的结晶，一只小鲎在出生后，会迎来一段成长的考验，它会在成长的过程中将皮一层层脱去。雌鲎蜕壳 18 次，雄鲎生长更加艰难，会蜕壳 19 次，直到几个寒暑后，才能真正长大成年。

经过了漫长的生长，鲎却不能逃过人类的眼睛。对于人类来说，鲎不仅仅是活化石，它的全身都是宝贝。早在古代，人们就发现鲎可以食用，但是要小心它们的血液，含铜量过高容易中毒。但是鲎的血液可用作医用试剂。鲎身体的各个部分都能入药。鲎肉有凉血、解毒、明目的功效，鲎尾可用于止血。古代生活在海边的人们已经能够利用鲎来治病，每当有孩子们身上长了疥疮时，大人就会抓来鲎，炖成汤给孩子们喝，一边喝一边默默地念叨："喝鲎汤，不生疮。"在海边，一些鲎在死后剩下了瓢状的外壳，人们捡回来，发现可以用作舀水用，于是清洗干净，做成了鲎勺。有人也将鲎壳做成盛饭用具，相传把剩饭剩菜放在鲎勺里，即使是炎热的夏天，两三天饭菜也不会馊。在没有冰箱的年代，鲎勺成了人们保持饭菜新鲜的重要用具。

目前世界上仅有 4 种鲎：东方鲎、美洲鲎、南方鲎和圆尾鲎。其中美洲鲎分布于美洲大西洋沿岸。剩下的三种分布于东南亚海域。东方鲎分布于日本西方沿岸、韩国以及长江口以南的中国沿岸。南方鲎（巨鲎）分布于泰国、马来半岛和马来群岛沿岸至印度孟加拉湾。圆尾鲎则分布于东南亚沿海至印度孟加拉湾。鲎常栖息于砂质底浅海区，喜欢在浅砂中挖穴居住。鲎类在港湾的水域中最为丰富。冬天的时候，天气寒冷，海边见不到鲎的身影，它们都躲到更温暖的海域中去了。等到春天来了，天气转暖后，鲎才逐渐来到浅海。它们游泳的方式也很特别，不仅能够正常地游泳，而且能够把身子翻过来，让人看到它那舞动着的密集附肢。

鲎能够历经几亿年生生不息，不仅和它顽强的生存能力、较强的繁殖能力有关，而且很重要的一个原因是，对于其他动物来说，鲎肉并没有其他生物的肉质那么鲜美，并且它的血液对于其他生物来说是一种毒药。所以一般的生物如果不是饥不择食，很难痛下决心抓一只鲎来食用。然而近些年来，在利益的驱动下，人们还是对鲎展开了捕杀，致使这种古生物资源遭到了严重破坏。保护这种来自远古的活化石成了人们应当重视的问题。

Part 6

宇宙力量影响的海洋

　　浩瀚的宇宙一望无际，它的起点在哪里无人知晓，它的终点在何方也没有人能得知。但是平静的宇宙中一股股神秘的力量自地球诞生之初就影响着其成长，甚至影响覆盖地球表面 71% 的海洋，神秘莫测的海流仿佛是永远不知疲倦地循环着，每个清晨日落，海潮涌向海边又匆匆散去，周而复始，不曾停歇。

地球自转促使海流的形成

　　人们对于原始海洋的研究离不开对海流的探索。从地球诞生至今，海流的路径已经千变万化，但是从人类短暂的历史角度来看，海洋环流的主要模式仍然没有改变，产生海流的驱动力依然是风。同时还受地球自转、太阳引力等的影响。

　　物体都有热胀冷缩的效应，只是一些表现得明显，一些表现得不明显罢了。同样海水也是这样，当阳光照耀时，海水会升温，尤其是位于赤道附近的海水，离太阳最近，温暖的阳光将海水烘得暖暖的。而极地的海水则是冷冷的。两者慢慢混合，赤道地区表层的温热海水较轻，向极地流动，而极地的海水则沿着海床流向赤道。不过交互流动的作用并不是很明显，因为更为强劲的风吹流往往会过来捣乱。

　　在赤道两边的低层大气中，存在着这样一种风。北半球为东北风，南半球为东南风，且长期风向不变，非常守信用，所以人们给它起了个好听的名字——信风。地球自转时会产生一种偏向力，在北半球总使空气运动向右偏，在南半球向左偏，因此南北半球信风的风向很不一致。在北半球，风从东北刮向西南，称"东北信风"；在南半球，风从东南向西北刮，称"东南信风"。400多年前，当航海探险家麦哲伦带领船队第一次越过南半球的西风带向太平洋驶去的时候，开始海面上一直徐徐吹着东南风，后来东南风渐渐减弱，大海变得非常平静，船队行驶平稳，最终到达了亚洲的菲律宾群岛。原来是信风帮了他们的大忙。

　　印度洋的海洋环流显得与众不同。其海流流向是受季风的支配，不同的季节流向也不同，在很长一段时间内，生活在这一海域的先民不敢频繁出海。因为不定的海流不知道要将他们吹到什么地方。直到后来发现了季风规律后才渐渐大胆起来。在赤道以北的印度洋，海水的流向依然由季风决定。南印度洋赤道地区的海水从东向西流，然后沿着非洲海岸向南前行，并在西风的吹送下到达澳洲。

除了印度洋的海流，南冰洋的海流也自有特色。除南极沿岸一小股流速很弱的东风漂流外，其主流是在西风和西南风的吹拂下，海水向东、东北方向流动。南美大陆的南伸和南极半岛构成了该环流的主要障碍。南美大陆南端迫使环流北侧的一部分水流沿智利海岸北上，使另一部分流向东南；南极半岛西海岸的走向则迫使环流南侧的水流改向东北。流向东南和东北的两股水流在德雷克海峡汇合并向东急速穿过该海峡。海峡东面，一条支流转向北，形成福克兰海流，主流仍继续向东。

墨西哥湾海水汹涌

墨西哥湾暖流也叫墨西哥湾流，是世界上最强大、影响最深远的一支暖流。巴拿马的山脉于白垩纪晚期开始隆起后，北赤道洋流由于受阻，转而流向大西洋，形成了墨西哥湾流。海流经过佛罗里达海峡后，变得凶猛异常，河流变得又宽又广，流速迅猛，水量也大大增多。但是也变得异常凶险，水中的礁石连成一片，行走在这里的船只要万分小心。

墨西哥湾流的强劲是出了名的。早在1513年，庞塞·德莱昂率领三只舰队遇上了强劲的墨西哥湾流，他们虽然顺风，却无法前进，只能后退。几年后，西班牙的船队学会了利用海流，才最终顺着墨西哥湾流一路前行，最终驶向大西洋。富兰克林在1769年主持绘制了第一张墨西哥湾流的海图。当时富兰克林在殖民地任职，一次波士顿关税局的一位成员抱怨，说来自英格兰的游船在横越大西洋时花的时间要比来自罗得岛的商船多出两个礼拜。富兰克林对此很是疑惑，就请教一位老船长。这位老船长说，那是因为罗得岛商船的那位船长懂得避开墨西哥湾流，而英国人对此不是很了解。富兰克林听完后恍然大悟。

墨西哥湾海流受地球自转的影响，较轻的海水向右偏，所以从海平面上看去，右面的海面要比左面的高。同样古巴沿岸的海平面的高度要比大陆沿海高，成为了名不副实的海平面。墨西哥湾流往北方流动，经过达哈特勒斯角，留下了重要的痕迹——四个拥有刻蚀美景的海角，每个海角的尖端都指向大海。越过达哈特勒斯角后继续前行，向东北方流动。在到大浅滩"尾端"时，温暖的墨西哥湾流会遇上来自北极的寒流——拉布拉多海流，两者相互交融，在冬天交汇点处的温差极大，假如这时候有船来到这里向墨西哥湾流进发，船头的温度会比船尾的温度高20℃。由于海流极其寒冷，所以在拉布拉多海上终年覆盖有一层厚重的白雾，船只从交汇处进入拉布拉多海后不仅会受到寒冷的侵袭，还会受到白雾的困扰。

墨西哥湾流到了大浅滩"尾端"后，行进更加艰难，这时不仅是拉布拉多海进行阻挠，升起的海床、来自巴芬湾和格陵兰岛的寒流一路携带着冰块气势汹汹地南下而来。湾流见形势不妙，急忙调转方向，向东方前进。

这一仓皇而逃，使得其自顾不暇，在越过大西洋后终于支撑不住，只好丢盔弃甲，化为多条偏流。慌不择路的偏流分三个方向前进：一条向南进入了马尾藻海；一条向北进入挪威海；一条继续向东前行，而后化为那利海流。三条偏流中只有坚持继续向东前进的海流重新回到了赤道洋流的怀抱。

变化万千的南北赤道洋流

来自于南北赤道的洋流就像是一个热衷于玩耍的孩子，经过各种各样的海岛、海峡形成了不同的洋流。南赤道洋流是十分凶猛的，在经过南美洲沿岸时，海水以每秒约600万立方米的流速进入北大西洋。不过从这里出现了目标不一的洋流，坚持原本道路的汇入了北大西洋，乐于探索新道路的形成了巴西海流，然后继续前进一会儿向南，一会儿又向东形成了南大西洋海流或者环南极洋流。

纵观南赤道洋流的行径，人们认为在广阔的南太平洋上找到一道强劲的海流不是难事，但是经过多年的探索，人们发现南赤道洋流在前进的道路上多灾多难，不是受到岛屿的阻挡，就是水流会被岔开，导致在接近亚洲时海流已经疲惫不堪，相对较弱了，到东印度群岛和澳洲附近时已经是十分紊乱，洋流内发生了"内乱"，一路吵吵闹闹缓慢前行。不过在海洋学家的苦苦探索下，人们还是发现了隐藏在南赤道洋流下的强劲海流。

1952年，克伦威尔在对金枪鱼的捕捞方法进行研究时，将渔网放置在了赤道附近，但是克伦威尔发现了一个奇怪的现象，渔网并没有像预期的那样顺着海面洋流向西行，而是朝相反的方向漂去。到1958年，斯克利普斯海洋研究所注意到了这道海流并开始着手研究。他们测得这道逆流的中心部分在海平面以下约100米的地方，表层流大约为400千米宽，长56000千米，沿着赤道朝东方流动。这道洋流的流速非常快，并且研究人员还发现在这道洋流之下还有一道向西流动的海流。这让研究人员感到大为惊异，因为在太平洋赤道地区海域，海面以下800米的这段距离中发现了相互独立、彼此交错的三道强劲的海流，那么在更深的地方，或者是其他地方该有多少这样隐藏的强劲海流！看来人类还需要对海流进行更多的探索，这些海流也许从盘古大路分裂后就形成了，循环了几千万年，甚至是上亿年，让人感到不可思议。这恐怕是地球上最古老，也许会一直存在下去的循环系统。

在太平洋洋流中，北赤道洋流东起巴拿马，西到菲律宾，一路浩浩荡荡，并没有受到多大的阻碍，是地球上最长的西向洋流。但是当北赤道洋流到达菲律宾时受到了顽强的抵抗。北赤道洋流久攻不下，于是选择了妥协，主流转而向北形成了日本海流。日本海流有一个特点，就是并不像墨西哥湾流那样冰冷，海水十分温暖、透明。所以人们又称其为"日本暖流"。日本暖流实在是一道最温和不过的洋流了。日本海流还有一个特点就是它的海水是深靛青色的，并不像一般的海流那样拥有蔚蓝色的身躯，所以人们又称它为"黑潮"。

日本暖流沿着东亚的大陆架向北流动，就像是墨西哥湾流遇到拉布拉多海流一样，日本海流也遇到了它生平的对手，不过与前者稍有不同的是，对方是集结了鄂霍次克海和白令海的寒流——亲潮来与之相遇。这一暖一寒，自然会产生强烈的对抗，于是在日本海流与亲潮的交汇处，海面风势猛烈、雾气弥漫，行走到这里的船只也要格外

117

日本海流

小心。不过也能体验一把瞬间从温暖的春天进入凉爽的秋天的感觉。同时，船员要掌好舵，一旦稍有疏忽，船只就可能迷失在白茫茫的雾气中。

日本海流在穿过了大西洋后继续前行，途中又遇到了来自阿留申群岛和阿拉斯加的冰冷海水的对抗，日本暖流这时已经战力不足，双方发生激烈的交融大战后，日本暖流败下阵来，温暖的海水变得冷冰冰的，在抵达南美洲大陆时已经成了名副其实的寒流。之后继续沿着加州海岸向南流动，途中又遇到了深海的上升水流，海水变得更加冰冷：所以在夏天的时候，美国西海岸是十分凉爽的，每年都有大批的游客到这里来度假。这道海流在周游了一圈后又回到了北赤道洋流的怀抱。

日本暖流是继墨西哥湾流后的世界第二大洋流。海水中所含杂质较少，阳光可以穿透海面到很深的地方，再加上海水十分温暖，所以这里更加适合海洋生物生存。日本暖流的流速非常快，与一般的海流相比，它就像是一辆行驶在高速公路上的汽车，一路飞驰，一些洄游性鱼类往往会搭上顺风车一路前行。所在在黑潮流域中可以捕到很多洄游性鱼类，并且这些鱼类也吸引了大量大型鱼类的到来。

在我国东海东北部、韩国济州岛以南，有一条沿西北方向进入南黄海的海流，它是日本暖流的一个分支，海洋学上统称为黄海暖流。黄海暖流从日本暖流分出来后沿着朝鲜半岛西岸向北流动，在遇到了辽东半岛后向西行，绕过辽东半岛南部进入渤海湾，在渤海湾沿岸游览了一番，打个旋儿，从渤海海峡南侧流出，在山东烟台附近与来自陆地的淡水混合在一起，自此海水的性质发生了变化，形成了黄海沿岸流，这道海流在绕过山东半岛东部后沿着半岛南部继续向南流动，构成了渤海和黄海的海水循环。

黄海暖流的海水继承了日本暖流的特点：温暖、盐度较高，在循环的过程中，每天遇到寒流。但是相比于日本暖流，黄海暖流的海水温度要低一些，在夏天和冬天的温差也很大，特别在遇到来自陆地水和沿岸气候条件的影响后，对山东半岛冷流降雪的形成具有很重要的影响。

涌升流和它的渔场

我们说海洋是神秘的，但是许多人对神秘的理解仅仅局限于那些海洋中的生物、海底神秘的构造，很多人对海水形成的奇观表示已经见得很多了，不足为奇了，如潮汐现象。但是自从原始海洋产生后，不仅仅是潮汐现象，更多的奇景被隐藏在了海洋中。自人类诞生以来就开始孜孜不倦地对其进行探索，直到距今几百年前才逐渐揭开了海洋神秘的面纱。涌升流就是其中之一。

简单来说涌升流是由于某种原因，深层海上升到表层发生的一种现象，所以人们又叫它上升流或者上升补偿流。人们是怎么发现涌升流的呢？这和生活在海洋中的浮游植物有很大的关系。人们发现高纬度区域是浮游植物集中生存的地方。另外，在包括非洲和美洲西侧的沿岸区域浮游植物特别多。而浮游植物的分布又和海面营养盐的供给量有很大的关系。人们发现，在一些地区表层水的密度较小，生命元素向中、深层的沉降减少，此外海表层的海水在风力的吹动下开始移动。下面含有丰富营养盐的海水开始向上涌动，为浮游植物的生长提供了很好的环境。所以在一些地区，浮游生物生长十分旺盛，并且以浮游植物为食的鱼类在这里大量聚集。这一现象引起了人们的注意，才逐渐开始对涌升流探索。

涌升流现象一般发生在沿岸和外海许多地方，不过产生的原因完全不相同。沿岸涌升流产生的原因，是数种力量相互作用的结果，如风的吹动、海面洋流的流动、地球的自转等。海洋表层的海水离开原来的位置，留下的空缺就由深层的海水来填补。而外海涌升流产生的原因是由于强劲的海流在出现分岔时，会出现空隙，深层的海水自然会上涌填补，所以就形成了涌升流。

如果你身处在太平洋赤道洋流的最西端，就会看到这种现象。海流大军在这里出现了分歧，主流主张继续前行北上，分流认为应该就地休整流回东太平洋。于是意见不统一的海流大军开始以两个方向分散开来，使得水流汹涌、流向紊乱。主流仿佛感受到了来自北方的呼唤，在地球引力的牵引下向右偏着身子缓缓向日本前进。余下的小部分水流形成了漩涡和涡流，徘徊了良久还是选择流回东太平洋。在分开的地方，深层的海水不断上涌来填补分流与主流不断加深的沟槽，来自深海的海水温度一般较低，所以造成表层海水温度下降，不过深层的海水也是带着友好的微笑来的，它们带来了丰富的养分，浮游植物在这里开始疯长，大片的浮游植物又成了小型浮游动物的天堂，成群结队的小型浮游动物终日愉快地穿梭在碧海丛林中，这让一些较大型的浮游动物看到了，它们仿佛是发现了宝藏，每天都在追捕小型浮游动物、浮游植物的过程中快乐地生活。但是"螳螂捕蝉，黄雀在后"，这些较大型浮游动物以及浮游植物早就被鱼类和乌贼盯上了，于是它们成了这里的最高统治者。对于人类来说这样丰富的生物资源是最好不过了，这里也成了捕捞者的天堂。

就像上面太平洋赤道洋流最西端的涌升流现象产生了极为丰富的海洋生物资源一样，在世界上很多地方，人们利用涌升流开展渔业作业。以沿岸涌升区为代表的多数涌升区域是非常好的渔场。因为在那里，有着丰富的营养盐为浮游植物提供养料。同时，大量浮游动物及一些鱼类可以作为饵料。据一些学者估计，虽然全世界海洋中仅有0.1%的区域能够产生涌升现象，但是它所出产的鱼的总量可能占据全部海洋捕鱼量的一半。

秘鲁是濒临大西洋的一个小国家，虽然领土面积不大，但是它的海洋资源十分丰富，最为著名的就是有"世界四大渔场之一"之称的秘鲁渔场。秘鲁渔场是在离岸风的作用下形成的。每年，东南信风从南美大陆徐徐吹来，将这里的表层海水吹拂起来离岸而去，向北流去，深层海水向上翻涌带来了大量营养盐分，浮游生物在这里大量繁殖，成为鱼虾的重要饵料，形成了世界性的大渔场。但是赶上不好的年份，南北赤道暖流逆流，使得秘鲁沿岸的气温升高，风力较弱，没有离岸风，深层海水就不能向上翻涌，不仅不能够形成丰富的渔场资源，而且一些鱼类因为忍受不了逐渐上升的水温而大量死亡。

在阿尔及利亚沿海有着著名的沙丁鱼渔场。硅藻是沙丁鱼主要的

秘鲁渔场

食物。在这里，冰凉的深层海水上升到海洋表层，同时将丰富的矿物质带了上来，养活了大量的硅藻，所以有大量沙丁鱼存在也不足为奇了。同样美国西岸是世界性的沙丁鱼的大渔场，每年这里沙丁鱼的捕获量可达10亿千克，并且沿着西岸一路南下，因为有着涌升流的存在，一路的海洋生物资源十分丰富。在摩洛哥西岸、加那利群岛等地都有

因为涌升流带来的巨大的海洋生物资源。

涌升流不仅能为人类带来大量的海产资源，而且能够对全世界海水碳循环有着重要的贡献。涌升区域初级生产量很高，在此无机碳被固定为有机碳，并向深层输送。在深层海水上升的过程中，无机碳被溶解后，释放出二氧化碳。这一过程和碳循环有着密切的联系。尽管人类发现并利用了涌升流来为自己服务，但是海洋是神秘的，原始海洋留下了太多的奥秘等待着人类去探索。

海洋神秘现象：潮汐

生活在海边的人都知道潮汐现象，这是沿海地区的一种自然现象，海水会做周期性的涨退运动。通常发生在早晨的高潮叫潮，发生在晚上的高潮叫汐，这一过程称为潮汐。潮汐是在天体对地产生引潮力的作用下产生的。相比于太阳，潮汐现象受月亮的支配作用更大。太阳的质量要比月亮大得多。在白天时，太阳的光芒普照大地，月亮只好躲了起来。等到晚上太阳拖着疲乏的倦容染红整个山头时，月亮才开始偷偷爬上了树梢，挥洒着皎洁的光辉。由于距离更近，月亮占得了先机，它控制着海水、江水的潮起潮落。

一阵阵海风将平静的海水搅起千层浪花，

潮汐现象

从赤道不断涌出的暖流奔向世界各地与寒流进行着激烈的碰撞。但是这些现象仅仅发生在海水的表层，即使是海流也很少在海面以下几千米的地方发生。但是潮汐就不同了，它可以使得大面积的潮水涨退，其力量是惊人的，甚至每一滴海水都受引力力量的支配。

住在海边的人还发现，月亮盈亏的变化也会引起潮水高度的变化。当天空中的月亮弯成了一艘小船，或是形成一个硕大的银盘时，这时的涨潮最为凶猛，海水激烈地拍打着海岸，将停泊在港口的船只荡得飞起，将岸边远处的岩石擦得光滑明亮。因为在这时，太阳、月亮和地球正呈直线排列，太阳和月亮同心协力来驱使潮汐现象。而当上弦月和下弦月时，三者呈一个三角形，相互拉扯，太阳和月亮出现了矛盾，两者开始对抗，在消耗了大半体力的情况下，潮汐涨落变得平缓，人们称之为"小潮"。无论是大潮还是小潮，月亮这个质量仅为太阳质量的1/2700的小小星球却始终占得上风。也许你会感到惊奇，但是事实就是这样，距离不仅产生美，而且能够产生莫测的强大力量。

经常在外度假或者生活在岛上、海边的人们并不是很认同这一解释。因为他们发现即使是在两个十分相近的地方，潮汐现象也差异很大。例如在缅因湾水域的芬迪湾头的人们会发现，这里的潮差十分明显。同样去切萨皮克湾度假的人会发现一个奇怪的现象，这里的涨潮时间竟然相差 12 个小时。反而在楠塔基特岛上时就不会担心这样的潮起潮落，能够痛痛快快地在水里游泳、划船。然而，引起潮汐现象的决定性力量远在月球，甚至是更为遥远的太阳上。按照常理来说，这么远的距离使得地球可以忽略成为一个点，天体对潮汐的影响在地球各处应该是相同的，不应该出现这么大的差别。所以潮汐现象远非天气引力解释那么简单。

人们发现太阳、月亮距地球的距离，以及各自在轨道的变化都能够引起潮汐的变化，并且还发现无论广阔的海洋、人工建造还是自然形成的湖泊，甚至是一洼小小的水池都有自己的震荡周期。研究员认为，地球外的天体只不过是引起了海水波动，至于波动的幅度、类型则和海洋底部的地形有关。具体来说，海底的坡度、湾口的宽度、海峡的深度等都是影响潮汐现象的重要因素。研究人员还认为在海洋中存在着一些"海盆"，这些海盆都有着各自的震荡周期，在海盆水面产生震荡时会产生一个震荡中心，震动中心上却十分平稳，不会产生大的震荡、激烈的潮汐现象。楠塔基特岛正好位于这个震荡中心上，所以它的潮差不过 30 ~ 60 厘米左右而已。但如果一旦走出了震荡中心，潮汐现象就越来越明显了，海水开始不安地翻涌，直至形成大的浪潮。芬迪湾正好处在海盆的边缘，海盆的震动周期为 12 小时，而海潮的周期也为 12 小时，两者叠加，震荡激烈，凶猛的海水涌入了狭窄的湾口，掀起了滔天巨浪。

人们认为任何事物都有其自身的价值，自从发现了潮汐现象后，人们就开始琢磨潮汐现象能够为人类带来什么。在战争中人们终于找到了它的用武之地。清朝时期，当荷兰统治者占领台湾后，民族英雄郑成功率领两万多将士到达了澎湖列岛，准备进攻驻守在赤嵌城的荷兰军队。郑成功观察了地形后，发现可以由两条道路进入赤嵌城，一条是港阔水深、航行十分便利却有重兵把守的大港水道，而另一条是水浅礁多且扔满了废弃船只却防御相对薄弱的鹿耳门水道。郑成功常年在海上奔波，有着丰富的海战经验，他知道这里不久后就会涨潮，于是率领军队在涨潮时沿着鹿耳门水道顺流迅速到了赤嵌城，与荷军展开了厮杀。

Part 7

原始海洋中的孕育

人类自诞生之初就开始追寻自己的根源，当人们得知自己的祖先来自于海洋时，对海洋更是充满了敬畏。对于生命的起源更是充满了好奇与不解，到底最早的生命形式怎样的，原始海洋孕育的生物和今天的生物是否一样，这一切都充满了神秘的色彩……

第一个活细胞终于出现

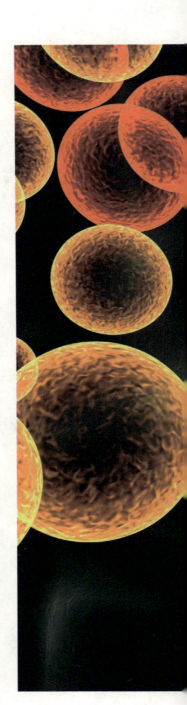

　　生命的产生是一个奇迹，科学家们多年来一直在寻找生命的根源，当他们将目光停留在海洋时，是否离真实更近一步了呢？经过多年的探索，人们得出了生命起源于海洋的结论，但是对于生命是怎样产生的，至今有很多不同的看法。

　　海洋的构造远比陆地复杂得多，早期的大陆一片荒芜，当大陆蔓延在岩浆中时，深海中可能有着一丝冰冷。等陆地被冰雪覆盖、严寒肆虐时，在海洋中可能别有一番天地，那温暖的海水仿佛是一个温暖的摇篮，生命开始在海中产生。

　　科学家们试图模拟原始的海洋，创造出当时海洋中压力、温度、盐度等一系列条件，希望能找到生命起源的奥秘。但是奇怪的是，无论怎么努力，历经许多失败，在实验室中至今也没有得到理想的结果，这使得科学家们感到十分惊奇。

　　生命诞生的过程是艰难的，即使在今天，在一些原始的森林或者海洋中，生命诞生的过程中也充满着危险，有时会遇到天敌的侵犯，有时会受到人类的干扰，有时会在艰难的周围环境中挣扎徘徊。即使是生命诞生后，它们依然要面临严峻的考验。在原始海洋中，虽然没有人为因素的干扰，但是恶劣的气候条件或是糟糕的地理环境使得生命的诞生更加艰难。想必在产生第一个活细胞之前，生命可能经历了无数次的失败。然而

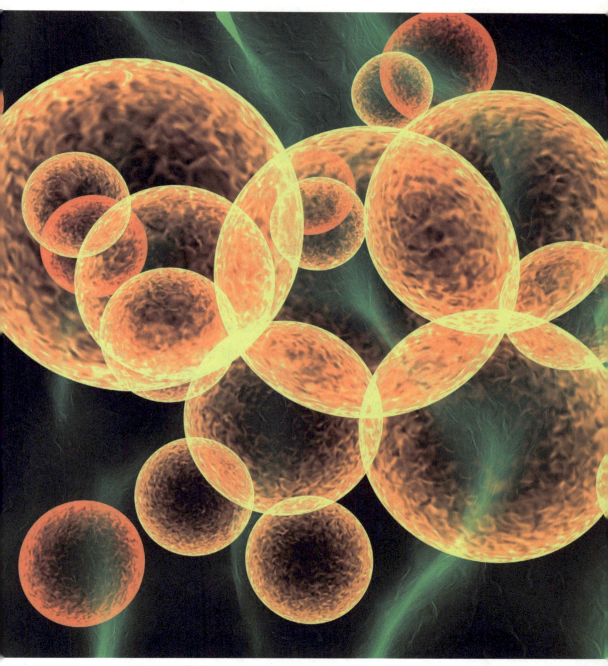

细胞

第一个活细胞的产生也势在必行。温暖并且略带有盐分的海洋中有着丰富的硫、钙、钾等元素，为有机质的产生提供了充足的条件，后来就出现了原生质复合分子。在不断发展中，这些分子以某种方式获得了自我繁殖的能力，这样生命就开始生生不息。

地球上最早的生命可能是细菌这种微生物。细菌最早是被荷兰人从一位从未刷过牙的老人牙垢上发现的，但是那时的人们认为细菌是自然产生的。直到后来，法国生物学家路易·巴斯德用鹅颈瓶实验指出，细菌是由空气中已有细菌产生的，并发明了"巴氏消毒法"。那时人们没有冰箱，夏天的啤酒很容易变酸，巴斯德对此很感兴趣，一直在寻找保持啤酒新鲜的办法，几经实验后他发明了"巴氏消毒法"，这是一种利用较低的温度既可杀死病菌又能保持物品中营养物质风味不变的消毒法。

在一定温度范围内，温度越低，细菌繁殖越慢；温度越高，繁殖越快。但温度太高，细菌就会死亡。不同的细菌有各自生长的适合温度，"巴氏消毒法"就是利用这一特性，用适当的温度和保温时间处理，将细菌全部杀灭。如今被广泛应用于饮用牛奶的生产中。

原始海洋中的细菌是一类原始的单细胞生物，它既不属于动物，也不属于植物，而是介于两者之间的模糊地带。我们无法确定原始海洋中的这些原始的生物是否拥有植物体内的叶绿素，进行光合作用，为自身提供生长所需要的物质。这些原始生物的食物来源很简单，可能以海水中的有机质为食，也有可能直接以无机物质为食。

在距今 33 亿～35 亿年前，海洋中出现了蓝藻。蓝藻是一种简单的单细胞生物，又叫蓝绿藻、蓝细菌。蓝藻都含有一种特殊的蓝色色素（蓝细菌），蓝藻就是因此得名。但是蓝藻也不全是蓝色的，不同的蓝藻含有不同的色素，少数种类含有较多的藻红素，藻体多呈红色。如生于红海中的一种蓝藻，名叫红海束毛藻，由于它含的藻红素量多，藻体呈红色，而且繁殖得也快，故使海水也呈红色，红海便由此而得名。蓝藻虽无叶绿体，但在细胞质中有很多光合膜，叫类囊体，各种光合色素均附于其上，光合作用过程在此进行。

蓝绿藻是最早的光合放氧生物，对地球表面从无氧的大气环境变为有氧环境起了巨大的作用。有不少蓝绿藻可以直接固定大气中的氮，以提高土壤肥力，使作物增产。还有的蓝绿藻成为人们的食品。

但是大量的蓝藻也会对水质造成污染。在一些营养丰富的水体中，有些蓝绿藻经常于夏季大量繁殖，并在水面形成一层蓝绿色而有腥臭味的浮沫，称为"水华"。大规模的蓝绿藻爆发，被称为"绿潮"。绿潮会引起水质恶化，严重时耗尽水中氧气而造成鱼类的死亡。

现今已知蓝绿藻约有 2000 种，我国已有记录的约 900 种。蓝藻的适应能力非常强，可在高温、冰冻、缺氧、干涸及高盐度、强辐射的条件下生存，甚至在干燥的岩石等环境下，也都发现了它们的存在。

也许经过了千百万年的发展，当一道道阳光不断穿过海水照射到海底的生物时，终于唤醒了它们对阳光的记忆，某些生物体内开始产生叶绿体，并利用空气中的二氧化碳产生氧气，于是地球上最早的植物开始出现了。

某些生物经过努力进化有了叶绿体，能够进行光合作用，为自身提供生存所需的物质。但是还有很多生物在进化的过程中败退下来，这些生物仍然要生存，植物成了它们有机食物的来源，于是地球上最早的动物就诞生了。自此以后产生的每一种动物，不是以植物为食，就是以捕食为生，渐渐地形成了庞大、复杂的食物链。

又经过了漫长的岁月，原始的生物得到了长足的进化，生命形式更加复杂，许多生物开始拥有嚼食、呼吸、生殖等器官。简单的藻类植物逐渐进化为能结果、形态各异的海草，一群群珊瑚动物在海底游弋，蠕虫、节肢动物等也慢慢演化。整个海洋中的生物处于进化的浪潮之中。

生物从海洋向陆地转移

当海洋中的生物进入到进化的浪潮中后，动植物忙着进化和发展，而陆地上还是一片荒芜，没有生气。当时的大陆并不是我们想象中的那样仅仅是没有植物，而是整个大陆几乎处于岩石的包裹中。由于没有植物，形不成土壤，所以当时的大陆可以说是没有泥土的。只有碎裂的石块不断产生、堆积。

这时地壳的主要成分是坚硬的花岗岩。后来，地球冷却逐渐发展到地球深层，地球内部开始皱缩后，与地壳间形成了间隙。为了适应这一变化，地壳开始形成起伏褶皱，于是轰轰烈烈的造山运动开始展开了，山脉开始形成。

大量山脉形成后，陆地受到的侵蚀更为严重。高耸的山脉随着海拔的增高，需要面临上层大气酷寒的考验，风霜雨雪侵蚀不断，再坚硬的岩石也会崩溃瓦解，从山上飞下的岩石碎块进入到了江河，随着江河一道汇入大海。

此时海洋中的生物仍然没有注意到大陆上的变化，可能这些变化还不足以引起它们强烈的兴趣，以至离开资源丰富的大海来到这片荒芜的土地。虽然可以推测出这一时期，海洋生物得到了长足的进化，但是我们并不能确切地描绘出它们的样貌，因为这段时期并没有留下任何关于它们的化石。科学家们推测，这时海洋中的生物应该是一些软体生物，它们没有坚硬的外壳，自然不能成为化石。

直到进入寒武纪后，生命大爆发开始，才留下了化石记录。当时的动植物已经大幅进化，出现了无脊椎动物。三叶虫成为当时海洋中的一霸，数量庞大，因此也留下了许多化石。但是这一时期的动物仍然没有足够的勇气登上险恶的陆地。此时的大陆仍然是一片荒芜，飞沙走石，凶险万分。再加上地壳不断运动，火山不时喷发，地震不断，冰河也来凑热闹，来回侵蚀地表。海水漫上陆地，动物却不敢停留。

经过1亿年的摸索，到志留纪，一批勇敢的生物开始走向陆地，探索未知的世界。这是一批全副武装的节肢动物大军，它们是螃蟹、龙虾和昆虫的始祖，大部分拥有着强壮的身体和进攻性强的武器。不过在登上陆地后，它们并没有一股脑儿向前进发，而是不断摸索陆地上的生活方式，海洋仍然是它们赖以生存的地方。所以你会发现这些节肢动物奇特的生活方式，在陆地上摸爬滚打一段时间，还要回到海里，形成了半陆栖、半水栖的生活方式。这和今天的螃蟹有些类似，它们并不能长时间地离开海岸或是河岸，当在沙滩上晒够了太阳，欣赏够了迷人的海边风光后，它们需要到海里润润腮帮子，解解渴，等吃饱喝足了再出来。

海滩上的螃蟹

也许是一次偶然的机会，鱼类被海浪冲到了邻近海岸的内陆湖中，或是一条小河、一个池塘中，开始生存。但是这里的生活状况远比海洋要艰难得多，为了更快地游动，适应水中压力的变化，鱼类不得不将自己的身子变薄，首尾变细，使得整个身形呈流线型。遇到干旱时期，水位不断下降，氧气缺失，在它们体内演化出了鱼鳔弥补氧气的不足。江河的干涸造成了大量鱼类死亡，一种生命形式进化出了能有呼吸的肺部，当干旱来袭时，它们学会了"冬眠"，将自己埋到泥土中，留下一条与地表连接的通道，这样就能够呼呼大睡了。等到雨季来临，哪怕是形成一个小小的池塘，它们也会钻出来游耍一番，大肆饱餐一顿。

如果仅仅是动物迁徙到陆地上生存，未免使人生疑。因为当时糟糕的陆地环境不是动物能改变的，它们只能去适应环境。植物能够使岩石碎块化为土壤，当雨水来临时也会保持住土壤中的水分。所以动物要想在陆地上生存是离不开植物的。我们对陆地上最早的植物了解甚少，对于它们的形态、生长方式仅有个模糊的轮廓。但是有一点值得肯定，即陆上生物的出现必定和海草有着密切的关系。

在节肢动物出去探险的同时，海中的植物当然也耐不住寂寞，纷纷向沿海浅滩蔓延，越接近陆地，石质结构越明显，为了适应生存的需要，这些海草长出了粗壮的根茎来攀附在岸边，同时抵抗浪潮的拉扯。潮起潮落，当海平面下降，海水退去，这些海草再也回不到大海。海草望着退去的海水发出悲伤的叹息，在残酷的陆上条件下艰难生存。一部分海草顽强地活了下来，继续向内陆进发。这些海草的生命力更强，一直蔓延到整个内陆。

一些动物是主动出击向大陆迁徙，而一些动物本身并没有想去外面世界看看的想法。在造山运动期间隆起的山脉经过多年风雨的侵蚀变得脆弱不堪。某一天，一道山脉崩塌，将附近的土地压实下沉，加上造山运动形成的山脉沟壑纵横，当海洋中的海水漫出海盆时首先将这些低矮的沟地侵占，海洋中的生物也在海水的带领下来到了这片新形成的浅海。在这里过了一段悠然的生活后，海水又撤回了深海，只留下小面积的海水，一些来不及走的生物被留在了这里，后来这些水滩不断干涸，为了生存，它们只好努力去适应陆地上的生活。

鱼儿离开了水不能生存，但是放在泥盆纪时期来说，这种说法并不成立。当时一种类鱼生物为了生存，将自己的鳍进化成了腿，鳃也进化成了肺，进化成了一种能够进行两栖生活的生物。

寒武纪原始海洋生物之谜

在地质史发展的长河中，寒武纪是生物种类大爆发的年代，著名的三叶虫成了原始海洋的主宰。除了发现的传统海洋生物外，科学家们还发现了一些别具特色的生物化石。非洲是人类文明的发源地，迄今为止，我们的祖先从非洲走出，到了欧洲、南美洲，逐渐遍布世界各地。非洲除了是人类文明的摇篮，也是远古生物的天堂。在非洲西南部纳米比亚的一块绿草丛生土地上，耸立着一座座80多米高的黑色尖塔，像是一个个士兵守卫着自己的家园。这些巨石很容易让人想到是来自远古人类文明的杰作，或是某个身份显赫家族的坟冢，或者就是埃及金字塔那样的建筑，有着尖尖的塔顶。然而事实上，这些尖塔比想象中要久远得多。

科学家经过测定，认定这些尖塔早在5.43亿年前就产生了，它们并不是某种建筑，而是蓝藻细菌在浅海海滩上形成的尖头礁石。在那个年代，海洋中能够进行光合作用的生物少之又少，海洋中缺乏氧气，现代生物几乎不能生存，所以当时统治海洋的是各种身体像缝制的薄枕头一样的神秘动物。它们大多时候是静止不动的，有时也会在微生物构成的一张有黏性的"垫子"上行走，并且以微生物为食。这时的生命形式是如此简单，没有复杂的食物链，没有为了食物拼命抢夺的激烈厮杀，也没有为了躲避天敌的捕杀而拼命地进化。但是这样的情况仅仅持续了几百万年，这个简单的生态系统就消失了。海洋中的生物迎来了历史性的发展，寒武纪生命大爆发开始了。

无脊椎动物开始大量出现，节肢动物开始用它们的新装备——腿和复眼，重新挑战海洋世界。腮部像羽毛一样的蠕虫，或是蜷着身子静静在海底"冬眠"，或是蠕动着身子，穿梭在各种海草、珊瑚间。这时出现了凶猛的捕食者，它们体形比较大，能够快速地在海中游动，锋利的牙齿能够轻而易举地撕碎猎物。很明显，这时的海洋中氧气已经大量存在，成为了这些动物赖以生存的条件。但是对于生物是怎么突然进化成这个样子，科学家们还是感到十分不解，诸如一些关键器官：腿、眼睛等的形成原因仍然找不到答案。又因为时隔久远，现在的海洋环境与原始海洋有很大的差异，要想从现代海洋中寻求当时生物进化的一些踪迹，真是"难于上青天"。

人们从纳米比亚礁石和其他一些地方收集到了一些证据，表明寒武纪生命突然爆发是微小环境之间相互作用的结果。随着氧气不断增多，终于某一天超过了生态阈值，以氧气为生的动物开始出现，食肉动物出现后加紧了对海洋资源的掠夺，在这一过程中，原始海洋中丰富的海底资源不断减少，竞争者们开始互相厮杀，抢夺资源。为了能够提高自己的生存能力，在抢夺食物的过程中能多抢得一些食物，捕食者们开始进化，体格更加强悍，长出锋利的牙齿。一些动物为了能够逃离被捕杀的命运，疯狂地进化着防御装备，它们有的长了硬硬的外壳，使得捕杀者不能够轻易地下口；有的是弹跳高手，能够在几秒钟内弹射到很远的地方；有的动物将自己的肤色进化成同周围一样的颜色，只要静静地浮着不动，视力不好的捕食者是不能够发现它们的存在的。

氧气是寒武纪生命大爆发的一个重要的因素。在过去好多年中，研究人员试图找到更多的证据来证明氧气是触发寒武纪生命大爆发的关键因素。岩石是很好的历史见证者，研究人员通过对纳米比亚、中国和全球其他地方的古代海床岩石进行分析，他们测定了这些岩石中铁、钼和其他金属的含量，这些金属的溶解度对存在的氧气量有很强的依赖性，因此它们在古代沉积岩中的含量和类型反映了很久以前沉积物形成时水中的氧含量。通过分析，研究人员认为，在寒武纪开始时，当时原始海洋中的浓度已经接近现在海洋的浓度，充足的氧气为各种生命形式的爆发提供了必要的条件。

但是，一些科学家对此观点表示怀疑。美国斯坦福大学的一位古生物学家进行了一项古代海底沉积物的研究项目，他通过采取全球岩石并测定铁的含量，编写成一个数据库，对数据库进行综合性分析后，

原/始/海/洋

Primitive Ocean

认为将要进入寒武纪的时候，原始海洋中的含氧量并不是如人们想象得那么丰富，他指出，"即便发生了任何氧化作用事件，也肯定比人们通常认为的规模要小很多"。通过对数据的分析，他还发现，一些微小蠕虫并不需要太多的氧气就可以生存。在氧气含量极其贫乏的区域仍然生活着大量动物，它们以微生物为食，生物链是如此简单。在氧气含量稍高一点的地方，动物种类开始丰富，但是食物链还是比较简单，动物与动物之间能够和平相处，各自取得自己的食物，不会发生激烈的竞争。到氧气含量充足的地方，捕食者开始捕杀动物，之间也会竞争。所以他认为，在寒武纪之前，可能含氧量上升一点点就足够触发一场生命的变革。

在寒武纪早期的时候，动物们开始在海底挖掘洞穴，不仅可以获得洞穴中的营养物质，还能躲避捕食者的捕杀。不断出现的关于氧气阈值和生态系统的证据，使得一个困扰已久的问题——动物起源于何时，逐渐清晰。现今发现的最早的动物化石出现在5.8亿年前，但是理论研究显示，基本动物群起源于7亿～8亿年前。美国加州大学一位地球生物学家表示，在距今约8亿年前，原始海洋的含氧量能够达到现代海洋的2%～3%，而这足以使得生命产生了。一些对氧气需求少的小型动物应该出现了。因为在今天的海洋氧气贫乏区域，仍然有一群小型动物在那里不断繁衍着。不过，较大体形的动物直等到氧气含量达到一定水平后才开始出现。

距今6亿年前后是前寒武纪到寒武纪的转换时期，也是地质历史上最为关键的时期之一。在这一时期，正是处于罗迪尼亚超大陆裂解的时期，大陆分裂时，陆地上的无机盐进入到海洋，成为了生命大量繁衍必需的成分。与此同时，海洋中的含氧量逐渐上升，多细胞动物这一更复杂更高等的生命在前寒武纪晚期开始崛起，从最简单的海绵动物到更高级的无脊椎动物，几乎现在动植物的祖先都开始出现。

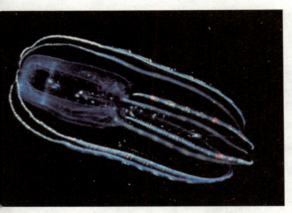

栉水母

来看看寒武纪时期一些奇特的动物吧。生活在寒武纪的栉水母是现代栉水母类动物的祖先，它的体表长有细须或毛发状结构。栉水母并不是真正意义上的水母，它们没有柔软的触须，保护它们的是坚硬带刺的骨架。

科学家们在我国南部发现一种蠕虫化石，这种蠕虫全副武装，它不仅有着坚硬的外壳，而且壳上长满了长刺。它们有着30条优美的长腿，这些长腿的分工也不同，其中18条腿末端长着爪子，可以钩住动物并戳穿其体表，另外12条腿前后挥动，用来捕获水中营养物。

在20世纪70年代，科学家发掘出一种蠕虫化石，这种蠕虫身体极为怪异，头部看起来像尾巴，身体两侧长有许多对长腿，背部脊柱也形态奇异。它是现代天鹅绒虫的祖先。天鹅绒虫是一种黏糊糊的小动物，身体像鼻涕虫，长着蜈蚣一样的长腿。

奇虾也是寒武纪生命大爆发中的一种神奇的生物，它们的口中有十几排牙齿，是一种凶残的生物。奇虾有一对带柄的巨眼，一对分节的用于快速捕捉猎物的巨型前肢，还有美丽的大尾扇和一对长长的尾叉。在当时的海洋中，奇虾可以称得上是海洋中一霸。但是，怎奈还是经受不住大灾难，最后消失了。

生命可能起始于"原始汤"

生命起源于海洋已经成为了共识，但是人们在探索生命的起源时却遇到了很大的困难。因为原始的海洋已经进化成了现代海洋，海水的成分和周围的环境都发生了极大的改变。虽然罗斯海是一片较为原始的海洋，但是它的地理位置在南极，生物链、地貌等都和其他的大洋有一些差距，所以对于生命起源的探索，科学家们只好将目光放在那经历了几亿春秋，甚至是几十亿个冬夏的岩石上。但是在漫长的发展中，岩石和化石不免会受到损坏，记录的信息会遭到很大破坏。想要探寻生命的踪迹变得很困难。科学家们试图找到封存了漫长岁月的原始海洋的海水或是陆地上的淡水——"原始汤"。

　　科学家们猜想，可能在古老的岩石层中会有"原始汤"的存在。于是在几十年的探索中，他们翻山越岭，穿过高山和平原，一直在寻找着远古的水。终于在2007年，加拿大地球学家芭芭拉·舍伍德带领着她的团队在蒂明斯市一座铜矿中意外发现了一处"原始汤"的身影。那是从岩石缝中流出的一股泉水。经过测定，这些水的年龄竟然超过了10亿年。虽然在水中并没有发现任何生命的迹象，但是他们相信，总能够找到孕育了生命的那个年代的"原始汤"。

　　著名的生物学家达尔文早就对生命的起源进行过推断，他认为生命起源于单一的、能自我复制、变异和进化的有机化合物。它们生存的环境可能是沐浴在阳光下的"温暖的小池塘"——"原始汤"。后来科学家们在海底发现了一些热液喷口，在它的周围有生命形式的存在，科学家们称之为"黑烟囱"。舍伍德认为，这些"黑烟囱"很可能是加拿大蒂明斯市矿山古水的来源。数十亿年前，热液喷口周围形成的物质将"原始汤"包裹住保存了下来。虽然在矿山的古水中没能找到生命的迹象，但是水里丰富的化学物质必定是生命产生的必要条件。

　　关于生命的诞生，支持"原始汤"诞生一说的学者给出了很好的解释：地球形成后，不断发展和进化，后来出现了一个还原性的大气圈，这时地表布满了"温暖的小水池"，水池中充满着由无机分子

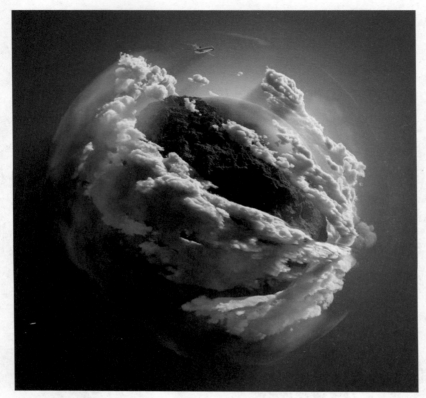

原始汤

合成的简单的有机分子，细胞开始诞生了。

在地球诞生之初经常与外太空打交道，外太空中的陨石不时造访地球。即使在生命产生以后，这些天外来客也会时不时拜访一下，造成了严重的生物大灭绝事件。有人认为，生命的化学进化过程可能早在地球形成之初时的宇宙中就进行了。有研究表明，地球地壳形成于38亿年前，而最早的细胞出现在35亿年前，之间相隔的时间甚短，在短暂的时间中，含有大量有机物质的天外行星、陨石从宇宙深处来到了地球。自此才开始产生了生命。

人们认为生命的产生与化学有着很大的渊源，早期生命的进化其实是化学进化，后来才逐渐向生物进化过渡。生命的化学进化过程主要是进行一些化学反应：无机分子形成生物小分子，生物小分子聚合为生物大分子。氨基酸是形成细胞的重要有机化合物。从单细胞到多细胞生物这一进化过程已经被人们所接受，但是对于氨基酸是怎样装配成各种蛋白质的过程，科学家们仍然没能找到答案。而现在，美国北卡罗莱纳大学的两名科学家，理查德·沃尔芬登和查尔斯·卡特对于40亿年前从建造单元过渡到生命的过程提出了新的见解。

"我们的研究显示了从一开始，远早于大型成熟分子形成之前，氨基酸物理特性、遗传密码和蛋白质折叠之间的密切联系就非常重要。"卡特这样说道，"这种密切的相互作用很可能是从建造单元到有机体的进化的关键因素。"

人们认为，46亿年前地球产生之后不久，"原始汤"就存在了。在36亿年前的地球上存在着所有生命的最后一个共同祖先——露卡。它很可能是一个单细胞有机物，具有几百个基因，已经完成了DNA复制、蛋白质合成和RNA转录的蓝图。它具有现代有机物所具备的所有基本组成部分，如类脂。但是对于露卡的产生过程，目前还是一片迷茫，不过可以肯定的是"原始汤"中的化学物质发生相互作用形成了氨基酸。

"我们已经了解了很多有关露卡的信息，而现在我们开始了解产生建构单元，例如氨基酸的化学机制，而目前这两者之间却是知识的沙漠。"卡特说道，"我们甚至不知道如何探索这片沙漠。"但是对于氨基酸的研究，沃尔芬登博士取得了新的进展。沃尔芬登带领着他的团队曾经在《美国国家科学院院刊》上发表了一篇文章，文中声称氨基酸的极性和大小帮助人们解释了蛋白质折叠的复杂过程。

"我们的实验显示了氨基酸的极性是如何在一系列不同的温度范围里持续发生改变，从而保证不会扰乱遗传编码和蛋白质折叠之间的

原始海洋中的孕育

基本关系。"沃尔芬登说道。这是非常重要的，因为当地球上的生命最初形成时，地球的温度非常炙热，很可能比现在或者第一批动物和植物产生时更加炙热。在沃尔芬登实验室进行的一系列有关氨基酸的生物化学实验展示了两个特性——氨基酸的大小以及极性——是解释氨基酸在折叠蛋白质里的特性的充分必要条件，这些关系即使是在40亿年前地球环境温度更高时仍然成立。

关于生命的起源仍然是一个值得探索的问题，相信随着科学技术的不断进步，人类能够很好地解决这个问题，还原地球生命诞生之初的面貌。

生命可能起源于"黑烟囱"

近30年来，随着深海生物科研不断深入，人们对生命起源的探索又有了新的发现。科学界认为：生命可能起源于深海"黑烟囱"。其实对于这一观点，著名的生物学家达尔文早在1871年的一封信里已经提到，信中说："生命最早很可能在一个热的小的池子里面。"但是由于受当时条件的限制，对于这个"热的小池子"并没有进行深入的研究。后来，美国科学家在加拉巴戈斯群岛海底找到了它。

1977年，美国科学家乘坐"阿尔文"号深潜器，潜入南美洲西海岸加拉帕戈斯群岛开始探索，在那里测得深层海水温度已经很高，同时海底出现白色的巨型蛤类。这种反常的现象引起了科学家们的关注。科学家们继续探索，又在同一地点1650～2610米的海底熔岩上，发现了数十个冒着黑色和白色烟雾的烟囱，这些烟囱直径约为15厘米，含矿热液正从里面喷薄涌出。经检测，这种矿热液的温度高达约350℃，高温矿液与周围海水发生"碰撞"，很快产生沉淀变为"黑烟"。这些沉淀物的主要成分是硫化物。科学家把这些海底硫化物堆积形成直立的柱状圆丘，称为"黑烟囱"。

后来科学家们又在世界各地的大洋海底相继发现了海底热液和"黑烟囱"，并在"黑烟囱"旁发现了很多生物。更令人惊讶的是，这些生物完全超乎了人们的想象。最具有代表性的生物是3米长的管状蠕虫，这类蠕虫没有口腔和肛门，靠体内的硫细菌供给营养。个体大，有利于一次性大量取食，也有利于迅速运动到达食物源，能够忍耐长期饥饿。

台湾东北角的龟山岛上也发现了"黑烟囱"，并且世界上有100多处地方都发现了这种热液，热液里面都有各种古里古怪的生物，有的没有眼睛，有的没有口腔，十分怪异。

"黑烟囱"附近生物链的生存环境，十分古老，让人想到了地球早期的环境。在绿色植物出现之前，不能进行光合作用产生氧气。科学家们认为，后来植物能够进行光合作用可能起源于热液的"黑烟囱"中。为了验证这一猜想，美国科学家在5000米深的海底曾经关闭深潜器灯光5分钟，惊奇的是，在热液口发现了光线。这种光显然被其中某一种生物利用了。

"黑烟囱"的发现吸引了世界上大批科学家前来探索。1980年，日本的科学家来到这附近，发现了僵死细菌。科学家们又来到了2650米的深海，这里的水温已经达到了250℃，在科学家们仔细的探索下，又发现了生命力更强的细菌。大量调查发现，现在已经确认，在海底黑烟囱周围广泛存在着古细菌。这些古细菌极端嗜热，可以生存于350℃的高温热水及2000～3000米的深水环境中。黑烟囱喷出的矿液温度可高达350℃，并含大量有机分子，这样的环境可以满足各类化学反应，有利于原始生命的生存。因此，科学家们提出了"原始生命起源于海底'黑烟囱'周围"的理论，认为地球早期水热环境和嗜热微生物可能非常普遍，地球早期的生命可能就是嗜热微生物。

海底"黑烟囱"的形成主要与海水及相关金属元素在大洋地壳内热循环有关。由于新生的大洋地壳温度较高，海水沿裂隙向下渗透可达几千米。在地壳深部加热升温，溶解了周围岩石中多种金属元素后，又沿着裂隙对流上升并喷发，由于矿液与海水成分及温度的差异，形成了浓密的黑烟，冷却后

海底"黑烟囱"

在海底及其浅部通道内堆积了硫化物的颗粒，形成金、铜、锌、铅、汞、锰、银等多种具有重要经济价值的金属矿产。

目前，世界各大洋的地质调查都发现了"黑烟囱"的存在，例如在日本、德国、美国、加拿大等地找到了古海底"黑烟囱"的残片及相关块状硫化物。但是根据对这些残片的分析，发现其年份都不是很久远，所以对于"黑烟囱"的研究还需要更多的硫化物残片。

生长在"黑烟囱"周围的生物生活在黑暗里，显然不是靠太阳生长，那么是靠什么呢？原来是靠地热，它们吃的是地热和硫细菌，"黑烟囱"附近生物链的基础是细菌，细菌通过化学作用吸取地热带出来的能量，形成各级生物链的营养源。这个神秘的食物链自然也引起了科学家们极大的兴趣。

怎么确定"黑烟囱"的生态系统就是生命形成之初的生态系统呢？在澳大利亚、北美以及南非都发现了太古代叠层石，这种石头已经有25亿年以上的历史。蓝藻等低等生物的生命活动引起了周期性矿物沉淀，后来形成叠层石。当时已经形成了岩石圈、水圈和大气圈，地壳

很不稳定，常年有火山喷发，在海洋中，这种"黑烟囱"的生态系统是很常见的。

2013年英国科学家操纵深海遥控潜水器对开曼群岛的"黑烟囱"进行了探索，机器下降到大约5000米时，发现了一些从没见过的生物，比如一种新的海葵、罕见的蠕虫类生物，还有一些甲壳类动物以及一种无眼虾。科学家们认为，这些生物具有另类的生存机能来适应热液喷口环境，它们不依赖光合作用，而是通过化能合成产生能量，共同构成了特殊的生态系统。

目前对"黑烟囱"研究依然很热门，比起地球上其他类型的探索，深海生命的研究有助于洞察地球内部的物理化学过程，可以让科学家了解到生物是如何在黑暗的海洋深处进行演化，并且有助于发现其他星球的宇宙生命。

天然海绵竟然是动物！

若说到海绵，我们眼前立马会浮现出一块浑身都是小孔可以吸水的清洁物品，我们还会联想到鲁迅先生的一句话"时间就像海绵里的水，只要愿挤总还是有的"。但是你知道海绵中除一部分是人工合成的工业制品，还有一部分天然海绵，是由海绵动物制成的吗？海绵动物可以说是最古老的存在了，它们是最原始、最低等的多细胞动物。早在寒武纪时期，海绵动物就大量存在了，它们同珊瑚虫一样，是海洋里辛勤的装饰者。

海绵动物随处可见，只要是有水的地方，不论是广阔的大海，还是一小片淡水湖泊，都可以见到它们的身影。不过淡水中的海绵动物还是很少的，也许它们感觉淡水太无味了，还是咸咸的海水比较适合自己的口味。它们不能够像鱼儿一样在水中自由游动，只能附着于水中的岩石、贝壳、水生动物或其他物体上。所以我们能够想象到这是一种多么奇怪的存在，一只小鱼游着游着，身上莫名其妙背上了一座小房子。鹦鹉螺是建造房子的高超工匠，当它们为自己建造的房子引以为傲时，不承想上面的装饰是由海绵动物点缀而成的。

　　海绵动物的生殖方式也很奇怪，有无性生殖和有性生殖。 其中无性生殖又分出芽和形成芽球两种形式。出芽从字面意思理解，就像是植物生长出嫩芽一样，海绵体壁的一部分向外突出形成芽体。后来这些芽体或是脱离了母体自力更生，成为一个新的个体；或是继续依恋这母体形成群体而生活。另一种无性生殖方式是形成芽球。一些储存了丰富营养的原细胞聚集成堆，形成芽球。当成体死亡后，无数的芽球可以生存下来，度过严冬或干旱。当条件适合时，芽球内的细胞从芽球上的一个开口出来，发育成新个体。所有的淡水海绵和部分海产种类都能产生芽球。让人惊奇的是，海绵动物竟然可以进行有性生殖。

海绵动物

更令人惊奇的是，海面动物有着惊人的再生能力。在一些科幻小说中，我们经常能够看到一些大反派有着一项炫酷的技能，就是机体再生能力，当他的手臂被砍断了，马上能够重新长出一条新的手臂。对于这样神乎其神的场景，人类是十分向往的。海绵动物便拥有这一奇特的能力，当它们的机体受损伤后，能恢复其失去的部分。医学家对此感到困惑不解，并且仿佛找到了新的发展方向。白枝海绵是海绵动物的一种，它们有着很强的繁殖能力及惊人的再生能力，所以在历次生物大灭绝中都生存了下来，并且一直繁衍到今天，成为名副其实的"老古董"。

海绵动物是一个庞大的家族，据统计约有 5000 个物种，分布在世界各地，从淡水到海生、从浅海到深海中都有分布。海绵动物不像其他生物一样有固定的形态，如鹦鹉螺背着巨大的壳，三叶虫有着厚厚的装甲和像叶子一样的身躯。海绵动物的形态各异，有的像一块人造海绵，有的像一根根水管，有的像一把把绚丽多彩的小雨伞，也有的像一个个小扇子、小杯子，还有一些叫不出来是什么形状。不管形状如何，它们有着绚丽的颜色，将海底世界点缀得绚丽多彩。海绵动物既然是动物的一种，就会有骨骼，除了个别的科没有骨骼之外，剩下的所有海绵动物都是有骨骼的。骨骼也分类，一些为骨针，一些为海绵丝。骨骼不仅起支撑身体的作用，而且是重要的防御武器。

海绵动物能够移动吗？大多数人认为海绵动物是完全不能够移动的。但是事实上海绵动物能够依靠自身的肌细胞的移动进行有限的活动，只是这一过程太过于艰难了，甚至比蜗牛的节奏还要慢上一些，所以当你看到一块小海绵在海中浮着不动时，或许它正开足了马力向前进发。也许海绵动物自己也知道自己的"腿脚不便"，于是也懒得游动，还不如静静地在海底睡一觉。

海绵动物彼此的大小差别也很大，小的海绵动物只有几毫米，大的则快要接近 2 米了。在巴哈马群岛曾经发现了一只大海绵，周长为183 厘米，这么大一块海绵吸收了充足的水分，人们用秤称得其重约为40 千克，等到人们将其晒干，就剩下 5 千克了。海王星海绵是海绵动物种类中比较大的一个群体，并不像一些海绵动物长得"肥头大耳"一样，它们拥有狭长的身躯，在水中活动时也很优雅。海绵动物中，最小的海绵动物是白枝海绵，它们身躯的大小跟一粒芝麻的大小差不多，重量也仅为几克，实在是轻巧得很。海绵的生活方式缓慢，寿命也较长，有的种类能够生活几百年。相对于人类人生短暂却精彩的生命历程来说，海绵动物的生命过程由于单调乏味，显得越发的漫长，幸好海绵动物没有人类一样的感情，否则它们真的会成为哭泣的海绵宝宝。

科学家们发现海绵动物总是形单影只地独处一处，在它们存在的地方其他动物不是很多。科学家们对这个现象感到很奇怪，它们既然是海洋建设者，为什么却没有受到其他动物的欢迎呢？一些研究人员认为，海洋里的动物更多是依赖于生存的本能，只要能解决饥饱问题就可以，哪里会像人类一样有着色彩强烈的感知度。海绵动物浑身的骨针和纤维使得其他动物难以下咽，并且海绵动物的身上通常有一股难闻的味道。大多数生物的嗅觉还是很灵敏的，出于本能，它们会远离海绵动物。海绵动物是一种十分聪明的海洋生物，它们经常聚集在海流流动的海底，而这些地方对于其他动物来说，并不是一个很好的栖息地，当它们在这里产下幼虫后，很可能被海流冲走，或者成为海绵动物的食物。

从海绵动物的外表来看，它没有明显的嘴巴或是排泄的器官，其实这正是海绵动物奇特的地方。在海绵动物的整个身躯上都布满了各式各样的小孔，海绵动物在吃食时震动体外的鞭毛，海水在"召唤"下顺着这些小孔进入到海绵动物的体内，海水的一些营养物质，如动植物碎屑、藻类、细菌等被吸收了。不消化的东西就会排出体外。这样的过程相当于把海水过滤一遍，将其中的养分吸收，没用的丢掉，就像是人在吃饭时可以进行选择，喜欢的可以多吃，不喜欢的可以少吃，甚至不吃。这样奇特的滤食本领，在其他动物身上是不多见的。

海绵动物的骨骼对人类是很有用的，人们将其制作成浴海绵，可供沐浴及医学上吸收药液、血液或脓液等用。天然的海绵不够用了，人们就进行人工繁殖，将海绵切成小块，上面绑上负重的东西沉入海底，经过两三年就长成了。海绵还在科学研究领域有着重要的应用，其中最重要的就是海绵的再生能力。

原始海洋中的绿色使者：蓝藻

地球是颗蓝色的星球，人类虽然生活在陆地上，却处于海洋的怀抱中。地球又是颗绿色的星球，在人类没有对地球上的植被大肆破坏之前，地球应该是绿色的。植物中含有叶绿体，能够进行光合作用，它们吸收二氧化碳产生氧气，正好与人相反，人类、动物与植物共同平衡着这个世界。对于植物能够进行光合作用这一本领，可是经过了漫长的进化才形成的。

地球上最早的生命物质的生活方式很简单，仅仅在有机物中获得一些营养物质，它们并不知道太阳才是一个巨大的能源。当阳光一次又一次照射进海底，散发出迷人的光彩时，生命物质似乎陶醉了，它们开始尝试享受沐浴在阳光中的温暖。渐渐地，它们便依赖这种温暖，利用阳光来制造一些营养物质满足自己生长的需要。这时能够进行光合作用的细菌出现了，它们终于可以利用环境中有限的硫化氢作为反应物质，对太阳能进行吸收和转化，但是效率十分低下，吸收的营养物质也有限。直到亿万年以后，某一天，能够进行光合作用的蓝藻出现了，它们拥有更高级的设备——叶绿素和叫作"类囊体"的光合反

应器。蓝藻开始利用水作反应物，通过光合作用释放氧气，海洋开始向有氧环境转变。不断进行光合作用，使得空气中也充满了氧气。

蓝藻是原核生物，自从蓝藻出现后，生命形式开始朝多样化发展，真核藻类开始出现，绿藻是真核藻类中最大的一个家族。它的光合作用设备更加先进，其细胞结构与高等植物十分相似，因此科学家认为绿藻很可能是现今所有陆生绿色高等植物的祖先。

疯狂生长的蓝藻

蓝藻又叫蓝绿藻、蓝细菌，大多数蓝藻的细胞壁外面有胶质衣，所以又叫粘藻。在藻类生物中，蓝藻是最简单、最原始的单细胞生物，它没有细胞核，细胞中央有核物质，通常呈颗粒状或网状，色素均匀地分布在细胞质中。蓝藻没有叶绿体、线粒体、液泡等细胞器，唯一的细胞器是核糖体。它虽然没有叶绿体，但是有一个叫"类囊体"的装置，上面有能够进行光合作用的各种色素。蓝藻的细胞壁和细菌的细胞壁的化学组成类似，主要为肽聚糖；贮藏的光合产物主要为蓝藻淀粉和蓝藻颗粒体等。

蓝藻的繁殖方式有两类：一种为营养繁殖，包括细胞直接分裂、群体破裂和丝状体产生藻殖段等几种方法；另一种为某些蓝藻可产生内生孢子或外生孢子等，以进行无性生殖。孢子无鞭毛。

蓝藻不仅是地球大气环境的改变者，而且一些蓝藻能够直接固定大气中的氮，可以提高土壤的肥力。早期陆上植物能够快速增长，蓝藻功不可没。蓝藻还可以制成美味的食品，如著名的发菜和普通念珠藻、螺旋藻等。

石油和天然气是地球经过几十亿年的发展送给人类的礼物，但是随着对其不断地开发，再多的能源终究有用完的一天，科学家们开始探索新的资源来代替这些能源。美国加州大学的一位化学家通过基因工程对蓝藻进行了改造，使蓝藻能够生产出一种物质，能够代替化石燃料，成为制造塑料、燃料、涂剂的一种新能源。他还声称用蓝藻来生产化学品有很多好处，比如不与人类争夺粮食，克服了用玉米生产乙醇的缺点。但要用蓝藻作为化学原料也面临一个难题，就是产量太低、不易转化。

蓝藻在疯狂地"统治"了地球 30 多亿年后仍然没有停止它的步伐。在一些河流中或湖泊中，我们会看到在水面有一层蓝绿色且有腥臭味的浮沫，人们称之为"水华"。尤其是在夏季的时候正是蓝藻大量繁殖的季节，大规模的蓝藻爆发，被称为"绿潮"。在海洋中，一类红色的藻类常常定期地爆发，将近海染成一片红色，出现"赤潮"。"绿潮"不仅在视觉上挑战人的神经，而且会引发水质恶化，造成水中缺氧，大量鱼类会因此死亡。蓝藻中的一些藻类还会产生一种藻毒，除了直接对鱼类、人畜产生毒害之外，也是肝癌的重要诱因。蓝藻中的项圈藻可产生一种致死因子，破坏鱼类的鳃组织，干扰其新陈代谢的正常进行，麻痹神经，使其死亡。

据统计，我国曾经多次发生蓝藻大爆发事件。2007年，江苏无锡太湖区域蓝藻大面积爆发，对水质造成了很大的污染，居民用水都成了问题，虽然采取了紧急措施，但是对居民的生活还是造成了很大的影响。这次事件使得人们意识到蓝藻巨大的破坏力。

2010年云南昆明滇池蓝藻大量繁殖，清澈的湖面不见了，取而代之的是像绿油漆一样的湖面，在风的吹拂下荡来荡去，发出一阵腥臭。时隔一年，受持续高温的影响，安徽巢湖局部湖面大量蓝藻开始繁殖，造成水质污染。

人们也开始探索治理蓝藻的方法，鲢鱼是蓝藻的天敌，在蓝藻大量繁殖的地方可以投入一些鲢鱼。据统计，每1千克的鲢鱼能够吃掉60千克的蓝藻。也可以使用杀藻剂，见效快，但是可能会对水体造成一定污染。对于蓝藻的治理虽然有很多种方法，但就像是疾病一样，重要的是平时的预防，所以预防蓝藻爆发的工作十分重要。

历经灾难生命继续繁衍

人们常说"身体发肤，受之父母"。对于离开海洋到陆地上生活的生物来说，海洋就是它们的母亲，来到陆地上生活的生物与海洋有着千丝万缕的联系。直到几十亿年后的今天，我们从地球上的生物身上仍然能看到与海洋的密切联系。我们知道海水是咸的，无论是人类还是各种动物的血液中都带有咸味，甚至血液中钠、钙、钾等元素的比例几乎也都相同。如果这是巧合，那么现今生物的骨骼中含有的石灰成分又作何解释？在寒武纪时期，海洋中就富含钙元素，所以到今天，动物骨骼中仍然含有钙元素。现今的动物有着发达的体内循环系统，可是你知道吗？最早的生物体内循环的竟然是海水，可以说海水是它们生命的重要支撑。

今天的人类虽不能重新回到大海的怀抱，但是仍然努力地尝试去拥抱它，更何况是当时那些离开海洋怀抱的生物。在经历了二叠纪末的大灭绝事件后，幸存下来的生物开始蓬勃发展。三叠纪时期，是陆上动物重返海洋的一个重要时期。留下来的三叠纪时期的红色砂岩表明当时的气候比较温暖干燥，植物多为耐旱的类型，随着气候由半干热、干热向温湿转变，植物趋向繁茂，松树、苏铁、银杏等开始大量生长。

伴随着古老类型动物的灭绝，新的物种开始出现。据科学家推测第一种会飞的脊椎动物（翼龙）可能是这时候出现的。海生无脊椎动物的面貌也为之一新。腕足动物成为海洋中的优势群落。六射珊瑚开始出现，并取代了二叠纪时期的四射珊瑚，向全球扩张。一些学者认为新出现的六射珊瑚是由古生代后期的四射珊瑚演变而来，但是遭到了一些学者的反对，他们认为二者是独立进化的，并无演化的联系。

六射珊瑚

双壳类生物可能也是这个时候出现的，它们有着两个对称的外壳，一般运动缓慢，有的潜居泥沙中，有的固着生活，有的凿石或凿木而栖。菊石类进一步发展，具有复杂的纹饰和菊石式缝合线。壳有直、有卷，起着保护和支撑的作用。

爬行类动物开始崛起，主要由槽齿类、恐龙类、似哺乳的爬行类组成。三叠纪的早期和中期延续了二叠纪的干燥性气候，一些爬行类的动物开始回到海洋的怀抱。这些海生爬行类有着巨大的身躯，四肢发达，并且能在海中划动，就像桨橹一样。一些动物有着蹼足，更适合在水中遨游，同时它们具有细长弯曲的颈项，就像长颈鹿的颈项一般，大部分身体在水中，脖子可以探出水面，眺望远方。

三叠纪末期被称为"恐龙时代前的黎明"，这时槽齿类爬行动物逐渐发展为最早的恐龙，形成一个庞大的类群。原始的哺乳动物也开始出现了，但是哺乳动物可以说是生不逢时。因为从出现开始，到随后的侏罗纪、白垩纪，在长达1亿多年的漫长岁月里，哺乳动物一直在以恐龙为主的爬行动物的阴影下艰难生存，直到新生代才成为地球的主宰。

在三叠纪末期，发生了第四次生物大灭绝事件，尤其是海洋生物被摧毁惨重：牙形石灭绝，除鱼龙外所有的海生爬行动物消失。腕足动物、腹足动物和贝壳等无脊椎动物受到巨大冲击。在海洋中，大约一半的物种消失了。许多刚来到这个世界的恐龙还没有叱咤风云，好好享受一番便已灭绝，只有一些生命力强的恐龙留了下来。幸存的植物包括针叶类和苏铁。

对于这次灾难的发生至今有很多争论，有人认为是陨星冲破大气层砸到了地球上。地质学家在加拿大魁北克发现了一处陨石坑，被认为是造成这次大灾难的证据。但是后来经过测定，这个陨石坑的形成时间与这次灾难爆发的时间不吻合。

也有人认为当时的盘古大陆开始分裂，火山喷发，岩浆肆虐，造成了这次生物大灭绝。

那是约 2.03 亿年前的一天，在现今美国的佛罗里达州的上空，一群翼龙挥舞着庞大的翅膀在天空中极速划过。突然，一大股水蒸气冲破了地面，直击高空，刚好飞来的翼龙猝不及防，被烫死坠落到地面。其他翼龙被这突如其来的景象吓坏了，发出凄惨的叫声，拼命逃窜。附近山林中的动物听到这样急切的哀号都着了慌，纷纷发出哀鸣，无头苍蝇般地乱窜。灾难终于开始了。

几天后，地面上出现了一条长 2000 千米的裂缝，蒸汽从里面喷发而出，周边的气温迅速升高，动物开始逃离这片区域，而植物就没这么幸运，只好被烫死。过了十多天，蒸汽停止了喷发，就暴风雨前的宁静一样，此刻的山林变得异常的寂静。突然，一道岩浆大墙从裂缝中形成，喷向高空后向四方蔓延，所到之处，一切生命都被摧毁。火山喷发，同时还喷出了大量的有毒气体。大量的二氧化碳扩散到了大气中，遮天蔽日。全球气温剧烈升高。生物开始大量灭绝。

在这场浩劫中，恐龙是最大的受益者。灾难过后，它们迅速成为地球霸主，统治了地球 1.38 亿年，直到第五次物种大灭绝才灭亡。恐龙灭绝后，哺乳动物的祖先成为了地球的统治者。在众多的哺乳动物中，有一类动物栖息在树上。在长期的发展中它们的上肢得到进化，能够熟练地摘取食物，由于它们体形较小，不利于和大型的动物进行正面搏斗，于是脑力得到了很大发展。后来这些哺乳动物回到了地面生活，逐渐发展为早先的人类。

Part 8

古海洋中的生物

在恐龙化石被发现之前，人们对于远古生物很少有直观的印象。当一具具庞大的恐龙化石出现以后，人们意识到在远古时期，恐龙才是地球的统治者。但是人们常常忽略了一个事实，大部分恐龙是在陆地上生活，它们并不是海洋的霸主。而在广阔的海洋中，海洋生物种类繁多。随着地质学的发展，人们发现了更多的海洋生物化石。让我们一探究竟，来看看这些原始海洋生物有何与众不同。

行走在海洋中的菊石

在原始海洋的不同历史时期，生活着各种各样的海洋古生物。这些古生物与现在的海洋生物有着很大的不同。从寒武纪生命大爆发开始留下来的原始海洋生物的化石中，我们可以一睹古海洋生物的风采。

在距今约4亿年遥远的泥盆纪初期，海洋中出现了一种表面有类似菊花线纹的海生无脊椎动物，人们称它为菊石。菊石广泛分布在当时的世界各地的海洋中，到距今约为2.25亿年的中生代，菊石已经大量存在，是当时海洋中一个庞大的海洋生物家族。但是即使是再兴盛的家族也抵不住历史的变迁，在各种灾难的摧残下，到白垩纪末期，菊石消失了。

菊石与鹦鹉螺是近亲，并且可能是由鹦鹉螺进化而来，属于头足类动物。菊石体外有一个硬壳，或者称它为自己的房子，这个房子不像鹦鹉螺建造的房子那么重，所以它在海中能够快速地拖着房子行走，就像房车一样。

菊石是一类建造房子的艺术家，它们的贝壳形状各异，有三角形的、旋转形的、锥形的，不过它们认为旋转形的房子更为漂亮，所以大多菊石拖着旋转形的外壳。在不同的海域，菊石的大小也不尽相同，即使在同一片海域也是如此。有的菊石建造的房子十分高大，高1～2米，有的菊石建造的房子则只有几厘米或者十几厘米的样子。同一个种类，在形状和大小上同时出现这样巨大的差异，也只有原始海洋中的生物能做到了。

最早出现的一类菊石是"棱菊石"，壳向内卷得很紧，薄壳上有纤细紧密的生长线饰纹。"棱菊石"不仅生活在海里，礁石结构上的沼泽也是它们的栖息地。不过新生的事物总是存在着一些缺点，它的游泳能力很差，可能是新生的"棱菊石"还没有适应复杂的原始海洋

环境。在约 2.45 亿年前出现了大规模的物种灭绝，生存能力相对较差的"棱菊石"没能幸免于难。

后来出现了"齿菊石"，它们的外壳像是一个圆盘，在壳面上有一条条横肋将圆盘分成一个个小扇形。在三叠纪时期，"齿菊石"成为了主要的海洋动物，这时恐龙也开始到陆地生活。然而，到三叠纪末，"齿菊石"就消失了。后来，又出现了"腹菊石""白羊石""箭石"等奇形怪状的菊石。

不过在长期的进化中，不同时期的菊石仍然有着相似的特征。它们通常有着呈球形或桶形的胎壳，以胎壳为中心在一个平面内旋卷。不过旋卷程度

菊石

有些不同，出现了松卷、触卷、外卷、内卷等不同的旋卷方式。大多数菊石对自己的建造艺术还是很满意的，但是也有部分菊石勇于去创造更多形状的外壳。所以在发现的菊石化石中，不乏一些十分精美的菊石形状，有三角形、圆形、环形、平板形等。

地质学家们在浅海沉积的地层中发现了大量菊石的化石，同样也发现了其他海生生物的化石，可见在菊石生活的地方，有大量其他海洋生物的存在。通过对菊石地层进行分析，地质学家们推测，菊石生活在热带或者温带且有一定深度的海域。根据它们外壳的不同，可以推断出菊石的生活习性。一些壳壁较薄，表面比较精美的善于打扮自己的菊石常常出来活动，而一些有着厚重且表面粗糙外壳的菊石则比较懒，大部分时间是沉在海底呼呼大睡，等到饿了才出来活动活动，风卷残云一般吃饱了继续沉入海底去睡觉。所以当灾难来临时，这些菊石可能还在睡梦中就消失了。

至今留下来的菊石化石繁多，数量庞大。怎样更好地将这些化石归类来研究，成了地质学家要考虑的问题。地质学家们依据菊石在地

层中的垂向演变而将其划分成颇为精细的菊石带。例如在中生代的三叠纪、侏罗纪和白垩纪，每一个纪均可划分出 30 个以上的菊石带，平均每个菊石带的延续时限在 100 万～ 200 万年之间。

菊石的化石在全世界都有分布，在我国的广西、西藏、青海和贵州都发现了规模庞大的菊石化石群。特别是在西藏的珠穆朗玛峰地区发现了大量菊石化石，数量庞大，实属罕见。根据地质学家们推测，在中生代时期，这里是古喜马拉雅海，庞大的菊石家族在这里生活。后来随着地壳的不断运动，这里化海为山，菊石的化石也露了出来。

古代的人们被菊石化石精致、美丽的外观所吸引，于是有了很多关于菊石的传说。古埃及人崇拜神灵，阿蒙神是掌管埃及风和空气的神灵，后来在埃及的各个历史时期，生活在尼罗河流域的埃及人常常受到洪水或是其他自然灾害的侵扰。古埃及人将阿蒙神奉为自己的守护神，希望他能守护这片土地的和平。因此将阿蒙神放在神庙里祭祀，祭士们用绵羊头来表达阿蒙神的形象。绵羊头两只螺旋形弯卷的羊角同菊石的盘绕状外壳极为相似，所以古埃及人将菊石视为圣石。

在中世纪时，英国人将菊石称为"蛇石"。怎么会有这么奇怪的名字呢？原来在英国约克郡地区菊石化石十分丰富，这种菊石盘旋规则整齐，相传这里曾经有大量的蛇群出没，威胁着人们的生活。公元 7 世纪，这里来了一位修女，修女将蛇头砍掉，自此这里的菊石化石都没有蛇头。据说巫师可以利用菊石使沉睡的神灵显圣，如今约克郡的城徽上便绘有三个蛇头菊石。

人类的远祖：腔棘鱼

我们知道地球经历了许多次生物大灭绝事件，无论是在陆地上称霸的恐龙，还是生活在海洋里的大家族都永远消失在了地球上，没能存活下来，唯有少数物种历经大灾难存活至今，可以说是生命的奇迹。腔棘鱼便是这其中的佼佼者，被人称为陆生脊椎动物的祖先。

在约 4 亿年前的泥盆纪时期，腔棘鱼的祖先便开始向陆地进发。为了能够在陆地上行走，其中一部分腔棘鱼的鳍逐渐开始能够支撑它们的身体，后来渐渐演化为四肢动物。另一部分不能适应陆地上的生活，又返回到了海洋。回到海洋的腔棘鱼，由于在陆地上受到了严格的训练，所以有着顽强的生命力。

它们能够在环境十分复杂的深海生存。众所周知，越到大海深处，受到的压力越大。在一些深海海域，强大的压强使得一般物种不能生存，同时黑暗、寒冷的周遭环境也使得大多数生物不愿来到这片海域。远古海洋生物鹦鹉螺曾经试图迁徙到深海海域，却因为忍受不了强大的压强，外壳被压得粉碎。所以腔棘鱼能够在如此恶劣的环境下生存简直就是一个奇迹。不过想想人类自诞生后创造出一个又一个奇迹，我们从中仿佛找到了根源。原来人类的祖先就是如此执着，与深海的环境做着不懈的斗争，并于一次又一次灾难中独自存活下来。

腔棘鱼的化石发现于二叠纪末期到白垩纪早期。由于重新回到海洋中生活，所以腔棘鱼的鱼骨比一般鱼的鱼骨要强壮得多。它们的鳍呈肢状，行动灵活，是深海凶猛的捕食者，并且外表颜色十分鲜艳，是深海中美丽与暴力并存的海洋生物。但让地质学家感到奇怪的是在白垩纪之后的地层中，很难找到这种生命力顽强的海洋生物了，所以人们一致认为，腔棘鱼约在 6000 万年前就已经灭绝了。而 1938 年，在非洲南部近岸捕到了一种矛尾鱼，后被鉴定为现存腔棘鱼的一种。

1938 年接近圣诞节的一天，大街小巷已经有了节日的气息，人们快乐从容地行走在节日轻松的氛围中。但是生活在岸边的渔民却没有放松下来，因为他们准备在圣诞节来临时大赚一笔。在南非东伦敦附近的海面上，一艘艘捕鱼船来来往往、络绎不绝。其中一艘拖网渔船捕获到了一条奇特的鱼。这条鱼大约有两米，身上覆盖着厚厚的像铠甲一样的鱼鳞，最引人注意的是在它的胸部和腹部各长着两只肥大、粗壮的鱼翅，看起来更像是动物的四肢。渔民们只当它是一条怪鱼，就把它和别的捕捞物放在一起运回了港口。

这时在东伦敦博物馆工作的拉迪玛女士恰巧路过码头，看到一群人正在围观着什么，大呼小叫十分热闹。拉迪玛女士十分好奇，挤过人群，发现一条长有"四肢"的怪鱼正睁着硕大的眼睛盯着众人，嘴角在一口一口呼吸着岸边新鲜的空气。拉迪玛女士被它的样子惊呆了，因为她还没有见到过这样的鱼。于是她从包中取出纸笔，将鱼的形状画了下来，她要回去找找这条奇怪的鱼的资料。可是当她回家翻遍了自己收藏的资料后也没有找到相关的记载。这越发引起了拉迪玛女士的好奇。她又到英国的各大图书馆查找相关资料，但是奇怪的是同样没有收获。这更激发了拉迪玛女士要弄清楚这条鱼来历的决心。拉迪玛女士心想，史密斯教授是当时南非著名的鱼类学家，他应该知道关于这种鱼的情况。于是她马上写了一封信，并配上了插图，说明了这一情况。

史密斯教授收到信后，对其所画的鱼的形状疑惑了一下，因为至今并没有发现这种鱼的存在，忽然一个念头从他心底闪过，对了，这应该是被认为早已绝迹的腔棘鱼！他赶忙找自己的相关资料，得到印证后失声叫了出来："这是腔棘鱼啊，存在了4亿年的腔棘鱼，简直让人难以相信！"心情激动的史密斯教授急忙给拉迪玛女士回电报，告诉她这是一条有史以来可能最珍贵的鱼——腔棘鱼，请她务必先去找到那条鱼，妥善保管。发完了电报，史密斯教授立马开车匆匆前往东伦敦。

拉迪玛女士接到电报后十分欣喜，急忙跑到岸边，打听了一番才得知这只大鱼已经被送到了当地的餐馆。拉迪玛女士又匆匆向餐馆赶

去。但是到了餐馆后，令她崩溃的是，这条大鱼已经被吃掉了，只剩下骨头、鱼鳞、鱼翅散乱在垃圾袋中。不一会儿史密斯教授风尘仆仆地赶了过来，当他看到这样的景象后，气愤得说不出话来。虽然腔棘鱼也怨不得别人，但是这可是人类的始祖啊，挨过了生物大灭绝，存活了4亿年的腔棘鱼反被人类吃掉了。愤怒不已的史密斯教授从垃圾袋中找到了腔棘鱼的残渣，拿回去做分析。果然经过检测，这就是腔棘鱼。虽然没能从这条腔棘鱼身上获得更多的价值，但是史密斯相信，如果是一条腔棘鱼，不可能经过千百万年后还能存活下来，必定有一个庞大的家族在繁衍生息。于是史密斯教授开始寻找其他的腔棘鱼。他印发了大量配有腔棘鱼图画的传单，并用英语、法语、葡萄牙语写着："如有发现此鱼者奖励100英镑"，在非洲的大西洋，印度洋沿岸广为散发。史密斯教授自己也乘上渔船亲自寻找，向渔民们调查和宣传。但是几年过去了，依然没有一点信息，难道再也找不到第二条腔棘鱼了吗?

历史的车轮滚滚前行，第二次世界大战爆发了。各国都投身到战争中，寻找腔棘鱼的事情也被搁浅。腔棘鱼仿佛是没有出现过一样，被人们渐渐遗忘了。"二战"结束后，史密斯教授认为到了再次寻找腔棘鱼的时机了，于是又一次投身到寻找腔棘鱼的工作中……但是又是几年过去了，仍然是一点头绪也没有。史密斯教授也不禁怀疑，

腔棘鱼

难道腔棘鱼当真已经灭绝了？被吃掉的那一条已经是世界上最后一条腔棘鱼？

　　史密斯教授并没有因为怀疑就放弃对腔棘鱼的寻找。1952 年 12月，当寒冷的北风夹杂着雪花飘过他的窗前时，史密斯望着窗口伫立良久。他在想，这一年又失败了。明年会是个新的开始吗？正在略显疲惫之际，一封来自科摩罗群岛的渔民发来的电报将他拉回了现实。史密斯猜想着，当年也是这样，来自拉迪玛女士的电报开启了他寻找腔棘鱼的旅程，这个电报能不能历史重现，让他再一次感受到那种激动与喜悦呢？这样想着，暗自摇了摇头，恐怕是不可能了。当他读了电报上的内容后，史密斯教授的双手开始忍不住地颤抖起来，电报上的内容是这样的："我们捕到了像是腔棘鱼的鱼，盼望您的到来。"短短几个字仿佛是有魔力一般吸引着史密斯教授看了又看，在确认了不是在做梦，史密斯教授老泪纵横的脸上开始焕发着新的生机。

他急忙准备驾车赶往科摩罗群岛，但是在走之前他又想到，若是因为时间耽搁，苦等14年的腔棘鱼再次出现问题，恐怕自己要悔恨终生。他做了一个大胆的决定，向南非政府寻求帮助，请求用军用飞机前往科摩罗群岛。南非政府积极做出了回应，同意了他的请求。于是史密斯教授坐着飞机，极速向科摩罗群岛驶去。到了之后，史密斯教授终于见到了梦寐以求的腔棘鱼，这条身长1.5米、体重58千克的"活化石"被注射了甲醛后又用盐腌了起来，正在等待着教授的到来。自此经过多年的研究后，科学家们得出了一个结论：腔棘鱼是人类的远祖。

原始海洋的霸主：三叶虫

在远古时代，陆地上的霸主非恐龙莫属。它们庞大的身躯，怪异的造型，都让人想到它们威风凛凛、称霸一方的样子。在人们熟知的远古生物中，除了恐龙就是三叶虫了。三叶虫虽然体形十分小，相对于拥有庞大身躯的恐龙来说，就像是蚂蚁见到了大象，大小上没有可比性。但是在动物世界中，不一定是块头大才能称霸一方，一群蚂蚁也可能战胜一头大象。虽然恐龙和三叶虫大多时候不曾见面，即使是生活在浅海的恐龙也很少和三叶虫打交道，因为恐龙出现的时候，三叶虫已经处在灭绝的边缘或是已经灭绝了。所以谁才是地球上的霸主始终不能给出一个确定的答案。不过可以知道的是，它们在各自的领域绝对是优势的种群，只是相对于恐龙来说，三叶虫辉煌的时期有些短罢了。

在距今约为 5 亿年的寒武纪时期，各种不同的无脊椎动物开始集体亮相，节肢动物、腕足动物、软体动物、笔石动物等层出不穷。海洋里热闹起来了，这便是人们熟知的寒武纪生命大爆发。在这场生物革命中，我们的主角三叶虫开始登上了历史的舞台。

三叶虫是节肢动物的一种，它是最先发展起来并形成一个庞大家族的节肢动物。从现存的三叶虫化石可以看出，三叶虫由明显的头、胸、尾三部分组成。背甲为两条背沟，纵向分为一个轴叶和两个肋叶，因此名为三叶虫。海水中有着充足的盐分和溶解了的碳酸钙，所以三叶虫的骨骼非常强健，加上它们拥有坚固的外壳，它们在海洋中才能称霸一方。现今发现的三叶虫的化石大多分布在石灰岩或页岩中，从中可以看出三叶虫的生活习性，三叶虫大多时候生活在浅海海底，或者是在淤泥里摸爬滚打。它们很少到深海去活动，因为它们了解到那里的恐怖。或者是因为它们的运动器官不发达。

寒武纪早期，海洋里的生物种类是很少的，大型的捕食者还没有出现，其他的生物种类对三叶虫构不成威胁。所以在当时的海洋中，三叶虫成群结队地唱着欢快的歌，徜徉在世界各大洋中。经过了 5000 多万年的发展，海洋里的生物迎来了一个比较重要的发展时期，海洋中海生

三叶虫

植物开始疯长，进行光合作用产生的氧气充满了整个海洋。早期的氧气的氧化作用对于没有抗氧化能力的生物来说是致命的，一些生物由此而灭绝。同时，旧的生物消亡必然伴随着新生物的产生。珊瑚、腹足类、鹦鹉螺等生物开始出现，形状怪异的新生生物将海洋装扮得绚丽多彩。

但是美丽的海洋开始充满了凶险和暴力，因为这一时期，大型的捕食者终于出现了。三叶虫的统治地位受到了严重的威胁，甚至出现了三叶虫的天敌。正骨兽是较早出现的一类形型庞大的食肉性动物，它们长着巨大的胡须，身形敏捷，在海洋里肆无忌惮地捕杀着幼小的海洋生物。海蝎子也是这时出现的，它们长相丑陋，浑身披着"铠甲"，很少有动物能在海洋中战胜它。奇虾也出现了，它们是海洋中的猎手，它们可长达 1 米，奇特的是在腹部长了一排硬刺，这样能很好地防止被别的大型生物吃掉，它们圆形的嘴上长有 32 个尖利的齿板，成为了捕食的武器。

三叶虫的体形大的也只有 70 多厘米，而较大的正骨兽则拥有 12 米傲然的身躯。面对体形比自己大的生物，三叶虫该如何进化自己，起码保证不被猎杀呢？对于三叶虫来说可以有两种进化的方向：一是发展运动器官，提高自己的敏捷度，在被大型生物抓住之前飞快地逃离捕猎者的追捕；二是强化自己的外壳，不仅更加坚固，同时长出尖刺等防卫性武器。

我们来看看三叶虫是怎样选择的。在现存三叶虫的化石中很难看到三叶虫的运动工具，因为在三叶虫死后，其坚硬的外壳会被保留下来，而脚可能在海洋中被分解了。但是仍旧有一些完好的三叶虫化石被保存了下来。从中可以清楚地看出在三叶虫虫体的两侧有许多短小的分节附肢，据推测这些附肢便是三叶虫的运动器官。

我们知道一般动物要想获得较快的移动速度或弹跳能力，必须有强壮的四肢，就如猎豹、青蛙、蚂蚱那样。当然这样密集纤细的运动器官在陆地上也能迅速地移动，如蜈蚣等千足虫。但是在海中，拥有这样的运动器官并不能帮助三叶虫获得较快的移动速度。所以三叶虫并没有在速度方面获得发展，于是我们可以推测出，也许自产生以来良好的生存环境使得三叶虫安于现状不去进化和发展，等到捕食者出现后也没能做出很好的进化选择，只能撑着坚固的外壳，常年暴露在捕食者的视野中。但是再坚硬的外壳又能怎样，面对比自己身形大几十倍，甚至上百倍的捕食者，只能乖乖束手就擒。另外，三叶虫数量庞大，捕食者往往不需要怎样的努力就会获得这样美味的食物。

在后来的奥陶纪中，三叶虫还以这种错误的发展方向来进化自己。一些三叶虫将自己卷曲起来，缩成一团，仅将背部露出，甚至是长出了长刺，以为这样就能逃避捕食者的猎杀。然而事实就是这三叶虫还是逃离不了被捕杀的命运。三叶虫的数量开始大量减少，身穿盔甲的甲胄鱼开始出现后，更加速了三叶虫的灭亡。到距今约为 2.5 亿年的二叠纪末期，爆发了生物大灭绝事件，装备落后的三叶虫历经了 3 亿多年的历史后，终于因为自己错误的进化方向灭绝了。

原始海洋中的硬骨鱼

提起海洋，我们首先想到的海洋生物种类是鱼类。确实，不论是远古海洋还是今天的海洋，鱼类可是一个大种类。在 5 万种脊椎动物中，鱼类占据了一小半，足有 2 万多种。最早的鱼类在距今约为 4.5 亿年的寒武纪时期开始出现，当时一种圆嘴无颌的鱼成功揭开了鱼类发展的序幕。

从寒武纪开始，鱼类逐渐发展，到古生代的第四个纪——泥盆纪，引来了"鱼类的时代"。这时古地理面貌较早古生代有了巨大的改变，陆地面积不断扩大，生物界发生了巨大变革，鱼类开始崛起。早期泥盆纪中的鱼类多为无颌类，到泥盆纪中、晚期，淡水鱼和海生鱼类逐渐增多，这些鱼类既包括原始无颌的甲胄鱼也有有颌的盾皮鱼，还出现了更为凶猛的鲨鱼。到在泥盆纪晚期，鱼类开始进化为两栖类，逐渐向陆地进发，成为了海洋生物向陆地进军的先行者。硬骨鱼是一类遍布在淡水及海水水域、洞穴、深海、温泉中的鱼类，原始的硬骨鱼类具有机能性肺，后来又转化成有助于控制浮力的鳔。

在不同地方，硬骨鱼的外形和生活习性也不同。泥盆纪中期，一些更为进步的硬骨鱼类出现了。骨骼中部分或者全部骨化成硬骨质。硬骨鱼是水域中高度发展的脊椎动物，其类型之复杂、种类之繁多可谓脊椎动物之魁首。硬骨鱼的主要特点是其骨骼的高度骨化，头骨、脊柱、附肢骨等内骨骼骨化，鳞片也骨化了。这些硬骨的来源，有从软骨转变来的软骨内成骨；也有从皮肤直接发生的皮肤骨。硬骨鱼的鳃裂被鳃盖骨掩盖，不单独外露。大多数有鳔，少数有肺。原始的类群为歪型尾，进步的类群为正型尾。

在泥盆纪中期，硬骨鱼得到很好的进化与发展。它们骨骼中的一部分或者全部骨化成硬骨质。头骨的外层由数量很多的骨片衔接拼成一套复杂的图式，覆盖着头的顶部和侧面，并向后覆盖在鳃上。鳃弓由一系列以关节相连的骨链组成；整个鳃部又被一整块的鳃盖骨所覆盖。这些硬骨鱼类的脊椎骨有一个线轴形的中心骨体，称为椎体；椎体互相关联，并连成一条支撑身体的能动的主干。椎体向上伸出棘刺，称为髓棘；尾部的椎体还向下伸出棘刺，称为脉棘。额外的鳍退化消失。体外覆盖的鳞片完全骨化。原始的硬骨鱼类的鳞较厚重，通常呈菱形。随着硬骨鱼类的进化发展，鳞片的厚度逐渐减薄。到最后，进步的硬骨鱼类仅有一薄层的骨质鳞片。

从上面的进化来看，从它们的外形上可以看出，原始海洋中的任

硬骨鱼

何一种生物都没能取得硬骨鱼这样优秀的进化成果。它们能适应于任何一种水域环境。其流线型的身躯可以在水中快速地前行，强壮有力的层鳍可以为硬骨鱼提供强大的动力。体形细长的鳗鲡能够在泥土、裂缝中灵活地追捕猎物。海龙是一种体形呈鞭状的远古海洋生物，当它们静静漂流在水中时，就像海藻的细丝，一些视力不好的动物会上钩被吃掉。即使是已经完全发展了的水生无脊椎动物，如生命力强大、适应能力强悍的菊石类也达不到硬骨鱼对海洋环境的适应程度。所以说，硬骨鱼是当时生物进化最成功的代表。

我们说在一段历史时期内，恐龙是大陆的主宰，三叶虫是海洋的霸主，但是它们都是各自为政，在自己的一片领域称霸。而硬骨鱼却是哪里都能看到，无论是环境恶劣的深海、水温适宜的浅海，还是陆地上的一条河流、一个小湖，甚至是一个小小的池塘，都能看到硬骨鱼的身影。细细想来，其实硬骨鱼才是水域真正的征服者，只不过它的光芒没有三叶虫那样强烈，一直被人们忽略罢了。

1990年，中国科学院古脊椎动物与古人类研究所的一位成员在云南曲靖西郊发现了一种斑鳞鱼。经过鉴定，这种鱼是一种生活在4亿多年前泥盆纪早期的原始肉鳍鱼类。而肉鳍鱼类是硬骨鱼类中重要的一类鱼类。此次发现的鱼类可能是最原始的肉鳍鱼类。泥盆纪中期，硬骨鱼类开始向两个方向发展：一类是辐鳍鱼类，另一类是肉鳍鱼类。肉鳍鱼类在泥盆纪和石炭纪是一个繁盛的家族。与另一类辐鳍鱼类相比，它们的种类更加多样化，并且在许多淡水水域和海洋中，成为了顶级的掠食者。这些捕食者还登上了陆地去捕杀陆地上的生物，后来肉鳍鱼类的一支进化成了四足动物。

肉鳍鱼类有着圆滚滚的身躯，由发育良好的骨骼和肌肉组成，给人第一印象是强壮有力。为了增强战斗力，一些肉鳍鱼类颅骨的顶上有个对应的关节，以增加颌部的咬合力量。虽然人们一直认为肉鳍鱼类只是近海的霸主，其实深海除了一种滤食性鲨鱼并没有什么大型的捕食者，然而这种鲨鱼正如它的名字一样，对食物是很挑剔的，它并不以其他小型鱼类为食，而是只吃一些浮游生物，所以并没有很强的战斗力，或者对肉鳍鱼类造成威胁。就算是遇到了鲨鱼，两者发生争斗，谁输谁赢，还不能妄下定论。因为我们并没见到过这样的争斗。在内陆的河流、湖泊中没有鲨鱼的存在，这里没有任何生物可以跟肉鳍鱼类对抗，所以肉鳍鱼类是当时地球的一霸。

原始海洋"三剑客"之鱼龙

三叠纪早期，不论陆地还是海上都开始出现大型生物，陆上以恐龙为主，它们庞大的身躯有时会遮天蔽日，小型的哺乳类动物在它们的身影下小心翼翼地生活着。在海中当然也出现了身形庞大又极度凶残的生物——鱼龙。鱼龙是一种外形酷似鱼，却又不是鱼的一种爬行类生物。

　　鱼龙的头短而粗，但口鼻却又窄又长，看起来有点蠢蠢的样子。嘴里面有着几排锋利的牙齿，它十分喜欢吃海中的软体动物，一些软体动物已经试着进化出坚固的外壳，但是到了鱼龙的嘴里还是"咔吧"一声被咬得粉碎。这个又细又窄的长嘴很是灵活，能够抓住滑溜溜的动物，所以只要是它看上的猎物，很少能逃脱它的追捕。龙鱼长着圆溜溜的大眼睛，当一个比现今蓝鲸的眼睛还大的生物盯着你时，你会感受到什么是恐惧。它的大眼睛不仅能够对敌人起到震慑的作用，同时能够在昏暗的海底看清周围的情况、辨明方向，所以鱼龙能在夜间或是光线不足的条件下猎杀乌贼等动物。其实乌贼就已经很"贼"了，想不到鱼龙比它还贼。

　　人们十分好奇鱼龙能够潜到多深，想必这也是当时鱼类关心的问题。因为若是它不能潜到很深的地方，生活在深一点水域的生物完全可以放下心来。只不过科学家们是在几亿年后给出了答案：鱼龙大约能够潜到海洋中深 500 米的地方。对于这个保命的重要信息，当时的生物却不能看到，所以往往有不知深浅的海洋生物跑到这个合适的距离段，成为了鱼龙的大餐。

　　鱼龙样子长得怪，在海中遨游的方式也怪。据科学家们推测，鱼龙的游泳方式实在很奇特。它既不像鱼，也不像海豚，而是像企鹅。我们知道企鹅虽然有着短小的"翅膀"，但却是一名游泳健将。鱼龙也是如此，它将前肢作为定向的"舵"来掌控方向，在海中漫游时前肢慢慢地划动，尾巴不紧不慢地摇动。等到追捕猎物时，就加快尾巴的摇动，前肢也飞快地划着海水，整个身子像利剑一样在海中穿梭。

　　鱼龙并不是来源于海洋，而是在一次生物大灭绝后，生活在陆地上的一种动物为了寻找食物开始向海洋进军，又经过了长时间的进化后，逐渐适应了海洋里的生活方式。对于鱼龙究竟来自哪个种群，科学家至今没有做出最后的定论，只是推测鱼龙可能来自陆地上的一种爬行动物。因为经过研究，科学家们发现，鱼龙最初的样子并不像鱼，并且体形矮小，具有十分明显的爬行类动物特征。它们刚开始在浅水区域生活，并不能到海洋深处去探索，后来随着对食物来源的进一步需求，使得它们不得不向大海深一点的水域进发。在不断发展的过程中，它们的体形越来越大，逐渐出现了鱼类的特征。

白垩纪晚期，地球上发生了严重的生物大灭绝事件，鱼龙就此消失。科学家们很奇怪，生存能力如此强悍的鱼龙是怎样灭绝的呢？有人认为，鱼龙灭绝是因为海底缺氧所致。在今天看来，这几乎是不可能的事情。因为科学家们认为，几百万年前，甚至是上千万年前，并没有发生海洋缺氧事件。但是当追溯到几亿年前时，还真有可能发生。

原始海洋中缺氧可能是因为气候巨变所致。极端异常的气候使得全球气温上升、暴雨不断，土壤流失严重。土壤中的大量养分被带到了海水中，造成了海洋中有机物质疯长，海洋严重缺氧。也有些人认为超级火山爆发也是造成海洋缺氧的原因。火山喷发会产生大量二氧化碳，二氧化碳进入到地球大气层，使得全球温度进一步升高。当时陆上已经有各种各样的林木存在，当气温升高时，经常会发生大面积的火灾，而森林抵御火灾的能力较差，甚至还会助长火势的蔓延。树木被焚烧后也产生了大量二氧化碳，使得全球温度一路走高，冰川开始融化。洋流循

鱼龙

环停止，有毒的硫化氢在海水中不断积累，大量绿藻生成，深层海水中严重缺氧。

科学家通过对全球各地的白垩纪时期的黑色页岩进行研究，推测出在白垩纪时期发生过两次十分重大的海洋缺氧事件。而其中一次正好与鱼龙灭绝的时间相符，但是究竟是什么造成了海洋缺氧，现在还没有统一的定论，所以鱼龙灭绝的原因至今仍是一个没有完全破解的谜题。

原始海洋"三剑客"之蛇颈龙

在鱼龙生存的时代，还有一种同样凶猛的生物和它一起统治着整个海洋，它就是蛇颈龙。蛇颈龙肥壮的身躯像海豚一样，粗壮的四只鳍脚能够在水中灵活地划动。它有着像蛇一样细长的脖子，并且令人惊讶的是，它脖子的长度占到身躯总长的一半以上，难怪人们称它为"水中的长颈鹿"。但是它可比长颈鹿凶猛多了，它不仅吃普通的鱼类、贝类，甚至对同类或者一些翼龙的幼崽也不放过，是当时海洋中的一霸。

科学家们对蛇颈龙拥有着巨大的长脖子感到惊奇不已。在白垩纪后期已经出现了一种"薄片龙"，在它长约 14 米的庞大身躯中，脖子的长度竟然占了一半，颈椎的数量达到了 76 个，而人类的仅为 7 个。相比之下，人们感到非常不可思议，这么长的脖子，这么多的颈椎，蛇颈龙的脖子能够弯曲到什么程度呢？ 19 世纪时，美国的一位古生物学家认为蛇颈龙的脖子能够自由地弯曲，它们在水中捕食时，弯下长长的脖子，像一根木棍一样驱赶着鱼群向一个方向靠拢，然后将它们吸入嘴里。到了 20 世纪末，随着对蛇颈龙研究的深入，古生物学家又提出了不同的看法，认为蛇颈龙的脖子并不能强烈地进行弯曲，

极端的弯曲会使它的椎骨脱臼。

　　若是蛇颈龙的脖子能够进行极大程度的弯曲，它们是怎样利用长长的脖子进行捕食，并且将食物送到胃里去的呢？古生物学家在蛇颈龙化石的胃里看到了菊石、蛤蜊一些拥有着硬壳的海洋生物的化石。古生物学家们推测这些生物是蛇颈龙的主食。同时，在蛇颈龙的胃里发现了一些圆滚滚的小石子，这让我们想到了很多动物在进食时常常会将一些小沙砾吃进肚子里去，帮助其对食物的消化。所以古生物学家们推测，这些石子也有这样的作用，在蛇颈龙将这些带有硬壳的生物吃进肚子里面后，胃里的胃石将外壳研碎，软体动物鲜嫩的肉质就会裸露出来。根据这一猜想，古生物学家们认为蛇颈龙的牙齿较细，不能像鲨鱼那样对捕杀的生物进行猛烈的撕咬，所以它们在进食时应该是囫囵一吞，吞下整个食物，到了胃里再慢慢"品味"食物的鲜美。但是如果是这样的话，它们能看到鲜美的食物，却不能体验那种咬碎食物的愉悦感，也不能品味到食物的鲜美，对于蛇颈龙来说，进食仅仅是为了填饱肚子，并不能获得美的享受。

蛇颈龙

一些古生物学家还发现，虽然蛇颈龙有着长长的脖子，但是可能对捕食的作用不大。这种长脖子更多是为维持身体的平衡。为什么这样说呢？原来他们认为，蛇颈龙在海里呼吸时会产生一个巨大的压力波，当蛇颈龙还没靠近猎捕的对象，这些生物就像是有预警机制一样飞快地逃开了。如果是这样，蛇颈龙又该怎么样捕得食物呢？会不会就是因为这样，后来警觉的生物都逃离开来，蛇颈龙再也捕不到食物，后来就灭绝了。当然，古生物学家并不会提出一个荒谬的学说，他们认为蛇颈龙自然有办法解决这一问题。蛇颈龙的咽喉比较大也比较长，在捕食的过程中起了重大的作用。当蛇颈龙靠近猎物时，它的咽喉会扩张开来，能够压制因呼吸产生的压力波，于是蛇颈龙就能悄悄靠近猎物，在猎物还没来得及反应之前就张口大嘴将它们吞并下去。同时蛇颈龙巨大的喉管也进行扩张，产生强大的吸力，任凭猎物怎样快速划动始终也逃离不了它的血盆大口。

难道就没有其他一种生物能对蛇颈龙造成威胁吗？人们在一些蛇颈龙的化石中发现了鲨鱼牙齿的化石，同时蛇颈龙的化石也有被咬过的痕迹，所以一些人就认为，鲨鱼是蛇颈龙的天敌。但是在中生代，鲨鱼仅仅是原始海洋中较为凶残的一种物种罢了。面对身形比它们大得多的蛇颈龙，鲨鱼的攻击显得有点乏力，相信它们也一定不会去以卵击石、自讨苦吃。

到白垩纪中晚期，还真有一种能够威胁蛇颈龙生命的存在——沧龙。沧龙出现时已经是中生代末期，并且蛇颈龙已经统治了海洋多年，沧龙想要推翻蛇颈龙的统治谈何容易。虽然它们拥有着巨大的头部、长而尖的锋利牙齿。沧龙存在的时间很短，即使是与蛇颈龙有竞争，这竞争也持续不了很长时间，因为等待着它们的灾难很快来临了，它们同恐龙一起从地球上消失了。

蛇颈龙虽然被归为"龙"类，但是它却和恐龙不是一个物种，虽

古海洋中的生物

然它们有很多相似的地方，粗看之下会被认为是恐龙。恐龙有着粗壮的后腿，并且从腰部以垂直于地面的方式向下长，那是它们奔跑的动力装置。为了能够在湿滑的地带牢牢抓住地面或是猎物，它们的脚掌上长有锋利的牙齿。而蛇颈龙的后肢则与海豚的脚足类似，并且从身体的两侧伸展开来。从这一点形态上来说，蛇颈龙与恐龙有很大的差别。再从蛇颈龙最大的特点长脖子来看，蛇颈龙的脖子占据了身长的一半，脖子的长度比尾巴长得多。而恐龙脖子的长度与尾巴的长度是差不多的。所以蛇颈龙与恐龙并没有亲缘关系。

人们对蛇颈龙的繁衍方式很是好奇。海洋里的生物大多是卵生的，例如海龟，平时生活在海里，每当到了产卵的季节，就会到附近的海岸产卵。所当古生物学家起初认为蛇颈龙也是卵生的。后来，蛇颈龙化石的大量出现使得他们否定了这一想法。我们知道鳄鱼能够上岸产卵，是因为它们身体两侧的肋骨可以将腹部包裹和支撑起来。而从蛇颈龙的化石来看，蛇颈龙并没有这样的骨架，若是它们跑到岸上产卵，在体重的压迫下，腹部会严重下垂，没有海水的支撑，很快心脏会被压迫，导致呼吸困难，甚至不能进行呼吸。所以蛇颈龙只能在海洋里生活，并不能跑到岸上去产卵。排除了卵生这一可能，古生物学家们认为蛇颈龙能像哺乳类动物一样进行胎生。海栖爬虫类被认为是蛇颈龙的祖先，在海栖爬虫的化石中发现了在其腹部怀有完全成形的胎儿，所以生物学家们认为蛇颈龙胎生的可能性很大。不过具体是怎样的繁殖方式，至今没有确定的说法。

原始海洋"三剑客"之沧龙

在原始海洋中除了鱼龙、蛇颈龙两个凶残的霸主外，还有一位后起的新秀——沧龙。白垩纪中晚期时，沧龙出现了，这个庞大的家族发展很快，不久天下三分，形成了三足鼎立之势。只不过，它们都在海洋里，并没有详细的势力划分。沧龙的出现是昙花一现，仅仅辉煌了半纪，到生物大灭绝时同恐龙一同消失了。

沧龙的德文意思是"默兹河的蜥蜴"。在18世纪末期，第一具沧龙的化石于荷兰的默兹河附近的白垩岩层中被发现。所以"默兹河的蜥蜴"一称就是这么来的。据研究发现，沧龙的祖先很可能就是一只小小的蜥蜴。它们是群肉食性海生爬行动物，拥有巨大的头部、强壮的颚与尖锐的牙齿，外形类似具有鳍状肢的鳄鱼。

中生代的地球上，到处是大型爬行类动物的身影。陆地是恐龙的天下，它们拖着庞大的身躯，慢慢悠悠地在树下乘凉，身材矮小的哺乳动物躲得远远的，只在远处的树梢上、叶子的缝隙间偷偷望着它们，不敢靠近。炎热的天气灼烧着大地，恐龙到河中去洗澡，平常统治着这片领地的鳄鱼类动物也不敢打扰它们，只能静静地浮在水中，瞪着两个大眼睛，气鼓鼓地看着它们嬉戏的样子，好不生气。这时的海洋里热闹非凡，各式各样的海洋生物在海中追逐打闹，凶猛的捕食者气势汹汹地追逐着几只慌忙逃窜的小鱼。碧水蓝天之间，时常有几只不知是何种类的生物探出头，把玩几下，翻腾起几朵浪花，潜入海中去了。突然一只像蜥蜴、鳄鱼一样的生物出现在一片区域，立刻打破这里的安静，就连大型的捕食者也仓皇出逃。

只见这种生物长着大大的头颅，身躯细长圆滑，鳍状肢不停地搅动着海水，控制着方向，肌肉发达的长尾巴快速地摇摆，成为它的推进器。它的嘴能像蛇一样张开很大的角度，露出数十颗锋利的大牙，仔细看的话，在它的喉咙处有两排可以活动的小牙。这些小牙能够帮助它更好地控制住捕来的生物。鲨鱼见到这种生物，摇摇尾巴游开了；巨大的海龟，拖着厚重的壳也慢慢悠悠退走了；蛇颈龙低着脖子，将头颅探入水中，忽然与这种生物来了个面对面，吓了一跳的蛇颈龙大

沧龙

叫一声，将脑袋提起来，就当没看见一样，继续寻找着自己的猎物。在这个时代，也唯有蛇颈龙能与这种生物一争高下了。它就是后起新秀中的佼佼者——沧龙！

1776 年，荷兰南端马斯特里赫特的一个石灰岩矿坑里，工人们正在热火朝天地干着活。突然在一个矿坑中，人群一阵骚动，原来一位工人挖出一颗巨大的生物头骨化石。不过人们当时也没太在意。据说这个破碎的头骨可能是远古的一种生物，后来被一位收藏家买走了。1770 年时，出现了一位收集这类化石的陆军外科医生，他宣称只要是找到这类生物化石，任何人可以带来与他交易。又过了几年，发现了一颗更为完整的头骨化石。头骨化石接二连三地出现，引起了人们的注意。数年后，法国陆军占领了荷兰，这些化石被送到了法国。法国科学家对此进行了研究，认为是远古的一种鳄鱼或者是巨型蜥蜴的化石。后来才发现这其实是生活在白垩纪末期的一种远古生物，既不是鳄鱼，也不是蜥蜴，科学家将其命名为沧龙，由于最早是在默兹河发现的，又称"默兹河的蜥蜴"。

随着沧龙骨骼化石的不断出现，人们发现并不是所有的沧龙都有着庞大的身躯，最小的沧龙类的身长在 3 ~ 3.5 米之间，不过对于人的体型来说，这仍然是个庞大的家伙。这些小沧龙生活在岸边的浅海中，以软体动物或者海胆为食。它们很懂得生存之道，不会游到深一点的地方与大型沧龙抢夺食物。浅海海域是它们的领地。大型沧龙的体形可以说是非常庞大，体长有 20 多米。

　　沧龙虽然凶猛，但是视觉很弱，那么在它眼皮底下的猎物会有可能逃走吗？答案显然是不会，上帝之所以将它的视觉削弱，似乎是为了不让它看到自己吞噬食物的血腥画面，要让它成为这一时期海洋的霸主。虽然视力不是很好，但是沧龙的嗅觉和听觉非常发达。它们从祖先那里继承来的舌头依旧是主要的嗅探器官；它们的耳朵构造特殊，一点轻微的响动都逃不过它们的耳朵。通过对沧龙头骨的研究，研究人员推测出沧龙的头部还有着先进的回声定位装置，能够准确地判定目标的位置。

　　沧龙用肺呼吸，一次换气可以在水中停留很长时间。它的前肢有五趾，后肢有四趾，四肢已演化成鳍状肢，前肢大于后肢。短粗而有力的鳍肢使它可以在水中迅速改变方向，十分敏捷。其尾部达到身长的一半，为宽阔平坦的竖桨状，尾椎骨上下都有扩张的骨质椎体，组成了强力的游泳工具。科学家推测，它的行进方式类似于现代的鳄鱼在水中的游泳方式，尾巴像鞭子一样左右摇动。这种游泳方式可以在短时间内获得极快的速度，但是不利于长时间的高速追逐。因此，沧龙是利用隐匿与爆发力猎食的好手。

　　沧龙的祖先很可能来自陆地，当时只是一种小型蜥蜴——古海岸蜥。据推测古海岸蜥生存于距今约 9500 万年，那时陆地上竞争激烈，恐龙以各种动植物为食，迫于生存的压力，古海岸蜥开始逃入海洋。在漫长的演化过程中，它们的脚趾变成蹼足，所以再不能在陆地上行动了，后来就变成了身形庞大的沧龙。

　　在原始海洋中，大部分海洋生物都是沧龙猎食的对象。金厨鲨、海龟、菊石、薄片龙……各种各样的生物都成了沧龙的食物。其中金厨鲨是远古鲨鱼的一种，体长可达到 8 米，是兼具速度与耐力的中型掠食者。沧龙的体形在演化中逐渐变得庞大，性格越发凶猛。科学家

推测，一只成年沧龙可以对抗几只金厨鲨。沧龙是中生代所有海洋生物当中最成功的掠食动物。它们在 10 万年的时间里将竞争对象赶尽杀绝，最终成为远古海洋的霸主。

英国尼斯湖水怪之谜

古老的海洋生物历经上亿年，或者是几千万年，繁衍下来的概率并不是很大。蛇颈龙是生活在白垩纪晚期的海洋霸主之一，但是随着白垩纪末期灾难的来临，称霸于大陆上的恐龙灭绝了，生活在海洋中的大部分生物也走向了灭亡。蛇颈龙也难逃此次劫难，人们认为蛇颈龙也灭绝了。但是从公元 6 世纪开始，英国苏格兰尼斯湖一直传说有水怪在那里活动，它们有着庞大的身躯，长长的脖子，小小的头颅。后来发现蛇颈龙的化石了，人们认为出现在尼斯湖的水怪就是蛇颈龙，难道历经将近上亿年的时间，蛇颈龙还真的存在吗？

首先我们来看看尼斯湖这个神奇的地方。尼斯湖位于英国苏格兰高原北部的大峡谷中，这里层峦叠嶂，山间树木郁郁葱葱，一派生机盎然的景象。尼斯湖的面积并不大，却很深，最深的地方竟然接近 300 米。尼斯湖是英国第三大淡水湖，湖水终年不冻，优越的自然条件使得这里鱼虾众多，是水生动物的天堂。

从公元 6 世纪开始，传说这里就有水怪出现。当时一位爱尔兰的传教士路过此地，看到天气炎热、湖水又如此清澈，于是和仆人一起在湖中游起泳来。突然一只水怪搅荡着湖水向他们游来，那仆人早已吓得不知所措，传教士急忙把他救上了岸，那水怪看人到了岸上就没有再追来，恋恋不舍地沉入到了湖水中。上岸的两人还是心有余悸，休息了很久后才开始赶路。以后每逢碰到人们他们就会讲起这件事，不过人们都不相信。

从 16 世纪开始，关于湖中水怪的传说开始多起来。到 1802 年，有一个在湖边劳作的农民突然看到一只巨大的怪兽露出水面，用短而粗的鳍脚划着水，气势汹汹地向他猛游过来，吓得他慌忙逃跑。又过了几十年，1880 年的初秋，那时秋高气爽，湖边景色宜人，虽然尼斯湖一直有水怪的传说，但是耳听为虚，很多人并不相信真的有水怪存在。于是湖面上出现了一艘艘游艇。当一艘游艇打着浪花轻快地行驶在湖面上时，突然一只巨大的水怪从湖中露出头来，它全身黑色，伸着长长的脖子，小小的三角脑袋十分生气地盯着游艇，仿佛愤怒游艇打扰了它的睡梦，它开始摇晃着巨大的身躯掀起一阵巨浪，将游艇拍翻，游艇上的人纷纷落入了水中。这一次事件轰动了当时整个英国。

也是在这一年，一艘船不知什么原因沉入了湖底，一位潜水员下潜到湖水中寻找失事的船只。几分钟后，这位潜水员拼命地发求救信号，人们不知道他发生了什么事，急忙将他从水中拉了上来。回到船上的潜水员脸色苍白、瑟瑟发抖，人们询问他也不回答，不过从他的眼神中人们看到了惊恐。人们急忙将他送到医院医治。在医院休息了几天后，潜水员的神色平静了下来，这才说起他潜入到水底以后发生的事。他潜到湖底后找到了那艘沉船，正准备去检查时，突然他发现在岩石的旁边有一只巨大的怪兽藏在那里，静静地盯着他。他从来没有见到过这样的动物，又想到了传说中的水怪，立马慌了，差一点晕过去，所以才急忙发送求救信号。

英国的一位海军少校听说了这件事，产生了浓厚的兴趣。他询问了那个潜水员，并向自称曾经见到过水怪的人们打听，又找到了尼斯湖水怪的相关记载，推测出尼斯湖存在着这样一种生物：全身黑色，背上有两三个驼峰，有着长长的脖子。但是这位少校的推测缺乏相应的证据，所以人们对水怪还是没有一个清晰的认识。

从 20 世纪 30 年代年开始，越来越多的目击者声称发现了尼斯湖

英国尼斯湖

水怪的踪影，也有人拍下了照片，但都模糊不清。1934 年 4 月，一位名叫威尔逊的伦敦医生经过这里时正好碰到了一只在湖水畅游的水怪，威尔逊急忙用相机拍下了照片，照片虽然不是很清晰，但是我们仍能从中看出这个动物的轮廓：身躯庞大，有着长长的脖子和小小的头部，像极了白垩纪时期的蛇颈龙。随着影像技术的发展，到 20 世纪 60 年代，英国的一位航空工程师在尼斯湖上空拍到了水怪的身影，虽然画面十分模糊，不过还是可以看出一个巨大的黑色长颈的生物在尼斯湖游动着。科学家们观看了影片后改变了自己的看法，认为尼斯湖存在着一种未知的生物。

20 世纪 70 年代，人们对尼斯湖水怪的探索更加狂热。美国人用水下摄影机和声呐仪，在尼斯湖中拍下了一些照片，其中一张照片上可以清晰地看到在一只巨大的生物身上长着两米长的菱形鳍状肢，同时，声呐仪发现了有巨大的物体在湖中游动。在以后的若干年中，美国人一直派遣考察队到尼斯湖探寻水怪的身影，拍下了很多照片。根据照片显示，尼斯湖中的水怪与蛇颈龙十分相像。

自此英、美联合考察队对尼斯湖水怪进行了多次考察，但是并没有取得更大的成果。一些持否定观点的人开始对此有了新的解释。一位退休的电子工程师在英国《新科学家》杂志上撰文称：尼斯湖水怪并不是动物，而是古代的松树。他说，一万多年前，尼斯湖附近长着许多松树。冰期结束时"湖水上涨，许多松树沉入湖底。由于水的压力，使树干内的树脂排到表面，而由此产生的气体排不出来。于是这些松树有时就会浮上水面，但在水面上释放出一些气体后又会沉入水底。这在远处的人看来，就像是水怪的头颈和身体"。

至今有不少学者认为根本没有什么水怪，是由于光的折射现象给人的错觉，或者认为是尼斯湖中的一种具有浮力的浆沫石。这些浆沫石会在一定的条件下浮上水面随波漂荡，远在岸边的人们会产生错觉，把它当成了水怪。但是，全世界仍然有许多著名的科学家坚信在尼斯湖中确实存在有一种至今尚未被人们查明的怪兽。因为尼斯湖一带在几亿年前曾经是一片海洋，后来随着海陆的变迁才逐渐变成现在这个样子，所以一些古老的物种还真有可能传承下来生活在尼斯湖中。现今尼斯湖吸引着越来越多的人来到这里去探寻那传说中的水怪，尼斯湖水怪也成为地球上最神秘也最吸引人的未解之谜之一。

从远古走来的活化石：鹦鹉螺

在原始海洋不同的历史时期，出现了不同的霸主。在 5 亿年前的奥陶纪，一种以三叶虫、海蝎子等为食，身形庞大的大型食肉性海洋生物出现了，它就是赫赫有名的鹦鹉螺。鹦鹉螺的外壳上有着褐色的波状条纹，整体看来就像是一只生活在海中的鹦鹉。所以人们称它为"鹦鹉螺"。

奥陶纪时期的海陆面貌完全与现在不同，那时整个地球几乎被海洋包围，一些地势较低的陆地被海水入侵。更广阔的海洋面积使得海洋生物开始蓬勃发展，尤其是无脊椎动物发展到了鼎盛时期。在奥陶纪后期，一个海洋家族很快崛起开始称霸海洋，它就是鹦鹉螺。它不像其他生物一样随着生物大灭绝的爆发永远埋在了岩石层中，仅留下化石供科学家去探索，之后可能还原出一个与事实本身偏差很大的答案。鹦鹉螺则是历经5亿年的风雨飘摇，见证了地球生命进化的过程，一直存活到今天。虽然它们的体形不再那么庞大，种类不再那么丰富，仅仅在太平洋和印度洋还有一些遗存，但是鹦鹉螺自身存在的价值却不会大打折扣，反而给了人类很多启发。

人们很早就注意到了鹦鹉螺壳上的美丽螺纹，而这美丽的螺纹竟然记录了月亮与地球旋转之间的关系。1996年《中国剪报》上转载了一篇文章，上面写道："最近，美国两位地理学家根据对鹦鹉螺化石的研究，提出了一个极为大胆的见解，月亮在离我们远去，它将越来越暗。这两位科学家观察了现存的几种鹦鹉螺，发现贝壳上的波状螺纹具有树木一样的性能。螺纹分许多隔，虽宽窄不同，但每隔上的细

鹦鹉螺

小波状生长线在30条左右，与现代一个朔望日（中国农历的一个月）的天数完全相同。观察发现鹦鹉螺的波状生长线每天长一条，每月长一隔，这种特殊生长现象使两位地理学家得到极大的启发。他们观察了古鹦鹉螺化石，惊奇地发现，古鹦鹉螺的每隔生长线数且随着化石年代的上溯而逐渐减少，而相同地质年代的却是固定不变的。研究显示，新生代渐新世的螺壳上，生长线是26条；中生代白垩纪是22条；中生代侏罗纪是18条；古生代石炭纪是15条；古生代奥陶纪是9条。由此推断，在距今42000多万年前的古生代奥陶纪时，月亮绕地球一周只有9天。地理学家又根据万有引力定律等物理原理，计算了那时月亮和地球之间的距离，得到的结果是，4亿多年前，距离仅为现在的43%。科学家对近3000年来有记录的月食现象进行了计算研究，结果与上述推理完全吻合，证明月亮正在远去。" 鹦鹉螺不仅见证了自然演变的奥秘，同时还为人类留下了可供研究的痕迹，所以人们称它为"海底天文学家"。

人们在研究潜水艇之初为潜艇如何能够自由沉浮很是烦恼。鹦鹉螺独特的构造使得它能够在适应不同程度的来自海水的压力，同时还能在任意的位置悬浮不动，人们对此感到十分惊奇，或许从鹦鹉螺身上可以解决研发潜水艇遇到的难题。于是人们对鹦鹉螺的内在结构进行了研究，发现鹦鹉螺的外壳由许多的腔室构成，除了最末端的一间是自己的躯体所住的地方，剩下的30多个腔室都为"气室"，内部充满了水和空气，这些水和空气可以通过室管排出体外或得到补充，鹦鹉螺由此来控制自己身体的沉浮。不仅如此，鹦鹉螺还有着强有力的动力推进装置，在鹦鹉螺的触手下面有一个类似于鼓风机的结构，当水流到达这里后，鹦鹉螺通过肌肉收缩将水喷发出去，鹦鹉螺就可以前后移动了。研究到此，人们为鹦鹉螺如此精密的构造而赞叹不已，并由此获得了启发。1954年，世界上第一艘核潜艇诞生，人们将其命名为"鹦鹉螺"号。

科学家们对任何一种远古生物不仅想要知道它们的样子，而且想要知道它们的生活习性是怎样的，但是原始海洋中的生物繁衍下来的少得可怜，鹦鹉螺成为了最耀眼的明星。经过对现存鹦鹉螺的"探访"，科学家们为我们描绘了鹦鹉螺的生活习性：鹦鹉螺比较喜欢在夜间活动，白天的时候通常都会呼呼大睡，任凭周围再怎么吵闹它也不闻不顾，因为它们可是见过大世面的古老海洋生物。由于能够对气体进行很好的操控，它们能够生活在海洋表层 1 ~ 600 米深的地方。鹦鹉螺是肉食性动物，一些小鱼、软体动物、小蟹是它们的最爱。在暴风雨过后的夜里，鹦鹉螺会成群结队地漂浮在海面上，仿佛是又挺过了一次灾难，在庆祝美丽的"新生"，水手们看到后把它们称为"优雅的漂浮者"。

不过若是海面风起浪涌，它们会很快匆匆逃离，也许是传承自远古的记忆，它们对这样的海面情况的变化充满了警觉。即使在风平浪静的时候，它们也是在短暂的庆祝后就回到了海底。也许它们认为，海底才是真正安全的地方，所以只有一些幸运的水手才能偶尔在海面见到鹦鹉螺的身影。这些幸运的水手偶尔会捡到几枚精致、美丽的鹦鹉螺壳，他们将它放在身边，当作大海给予他们的礼物；或者赠予心仪的姑娘，将一份爱藏于里面，时刻陪伴着对方。